中学受験

となりにカテキョ

つきっきり

算数

実務教育出版

この本を開いてくれたみんなへ

　みんな，算数は好き？

「好きかキライかよくわからないよ」とか「算数なんてキライだよ！」って人もいるよね。

　じゃあなんでいまいち算数が好きになれないのかな？

「数字を見たくない〜」とか「なんとなくキライ」とか「難しいからイヤ」とかいろいろな理由はあると思うけど，「お母さんや先生に図や式を書けって言われるけど，どう書けばよいかわからない」って人もたくさんいるんじゃないかな？

　中学受験の算数が得意になる最大のポイントはね，「問題文の状況を自分にとって見やすい図や式に整理すること」なの。

　見やすく整理できれば解きやすくなるよね。

　だから，「図や式を書く作業力」を身につけることができれば算数は意外と攻略しやすい科目なんだよ。

　そして，攻略できれば，算数は中学受験で大きな得点源になる科目なんだ。

　この本には，「先生」と「これから算数が好きになる予定の生徒」と「ポイントを力説するネコ」が登場するよ。

「これから算数が好きになる予定の生徒」を自分だと思って，先生といっしょに図や式の書き方を自分のものにしていかない？

　不安な人もいるかもしれないけど，図や式を書く手順やポイントも１つ１つ書いてあるから大丈夫！

　先生がとなりにいるつもりで，いっしょに作業をしていく中で「図や式を書く作業力」が自然に身についていく仕組みなの。

　この本をやり終えるころには，今より少し算数が好きで得意になっているはず。

　さぁ，いっしょにえんぴつを持って意外と楽しい算数の世界へ !!

富田 佐織

保護者の皆様へ

　私は中学受験の算数プロ家庭教師として20年以上，指導をしています。そのため，子どもの「あるもの」を見れば，算数で伸び悩む要因を即座に判断することができます。

　その「あるもの」とは——テストの問題用紙です。

　我々は偏差値や点数をあまりアテにしていません。それらはあくまで"その模試やテストを受けた瞬間値"であり，子どもの学力や実力を多方向からはかったものではないからです。

　しかし，問題用紙には子どもの学力や個性が如実に表れます。ちょこちょこと筆算だけ書いている子，メモ書きのように式らしきものを書いている子，そして図や式をきちんと書いている子——。算数の力が伸びていく子は，当然「図や式をきちんと書いている子」です。

　算数は論理的な科目です。問題文を図や表で視覚化し，順を追って式を立てる必要があります。

　子ども達は，授業で先生が書く，あるいはテキストの解説に載っている図や式を「補助的なもの」と思って眺めていますが，それらは「解くために書かなければならない図や式」なのです。算数は「書き方＝解き方」なのです。

　しかし，図も式も書かずに「何となく」頭の中で解く小学生のいかに多いことか。それでは何時間勉強しようと，テキストを何周やり込もうと，一向に算数の力は伸びず，点数にも結び付きません。

　では，なぜ彼らは式を書かないのか——そこには２つ理由があります。１つは「面倒くさいから」。そしてもう１つは「書き方を知らないから」。

　そこで，この問題集では，基本的な典型問題の「書き方」を子どもが習得できるよう，「どの順番で」「何を書くか」に徹底的にこだわりました。この書き方が手の内に入れば，"やってもやっても伸びない"状況から脱却できます。

　子どもにとって，中学受験は常に「面倒くささとの戦い」です。本書を通して，図や式を書くことが当たり前になれば，それは学力だけでなく，精神的にも成長した証。算数に取り組むお子さんの成長を，心から応援しています。

安浪 京子

この本を開いてくれたみんなへ 2

保護者の皆様へ 3

この本の使い方 6

第1章　文章題 9

Hop!

01	和差算	～線の長さで和と差を表そう～	10
02	消去算	～知りたいもの以外を消そう～	16
03	差集め算（過不足算）	～単位量当たりの差に注目しよう～	24
04	つるかめ算	～もし全部つるだったら～	32
05	分配算	～みんなで山分け～	38
06	倍数算	～変わらないものに注目～	46
07	相当算	～基準は何？～	52
08	やりとり算	～流れをつかもう～	62
09	年齢算	～みんな平等に年を取る～	70
10	平均算	～でこぼこを平らにする～	76
11	仕事算	～仕事全体を整数にしよう～	86
12	ニュートン算	～減る量に注目しよう～	94
13	集合算	～条件を整理しよう～	102
14	植木算	～木の数と間の数に注目しよう～	110

15 方陣算　　　　　　〜模式図を書こう〜 ……………………………………………… 118

16 日歴算　　　　　　〜何日目？　何日後？〜 …………………………………………… 126

17 推理算　　　　　　〜名探偵になろう〜 ………………………………………………… 134

18 3段つるかめ算・いもづる算　〜わかる合計は2つ？　1つ？〜 …………………… 142

第2章　場合の数 …… 149

19 書出し法①自由形　　　〜順番を死守！〜 ……………………………………………… 150

20 書出し法②樹形図・表　〜どんどん広がる，それが樹形図〜 ………………………… 156

21 順列と組合せ①　　　〜「＋か×か」それが問題だ〜 ………………………………… 162

22 順列と組合せ②　　　〜順列から区別をなくすと組合せ〜 …………………………… 168

23 道順　　　　　　　　〜向かってくる矢印を受け止める〜 …………………………… 174

24 色のぬり分け　　　　〜同じ色は並ばない〜 …………………………………………… 180

25 図形の数え方　　　　〜どこまで見つけられるかな？〜 ……………………………… 186

26 リーグ戦とトーナメント戦／選挙　〜トーナメントも選挙もシビアー〜 …………… 192

第1章：執筆担当 富田佐織，第2章：執筆担当 安浪京子

この本の使い方

中学受験の算数で大切なのは,「図や式を書いて問題を解く力」です。
「図や式の書き方＝解法」を身につけるために,書き方を知り,実際に自分で同じように書いて解くことが大切です。

この単元のポイント

その単元で学ぶことを
まとめています。

最初はわからなくても
大丈夫ニャ！

HOP

問題を解くための考え
方,知っておきたいこと
を説明します。
「プロ家庭教師にマンツー
マンで教えてもらえるライ
ブ感」を紙上で再現して
います。

みんなの
「なぜ？」に対話形式
で答えながら考え方
を説明しているよ。

一人で解ける
問題を増やすぞ！

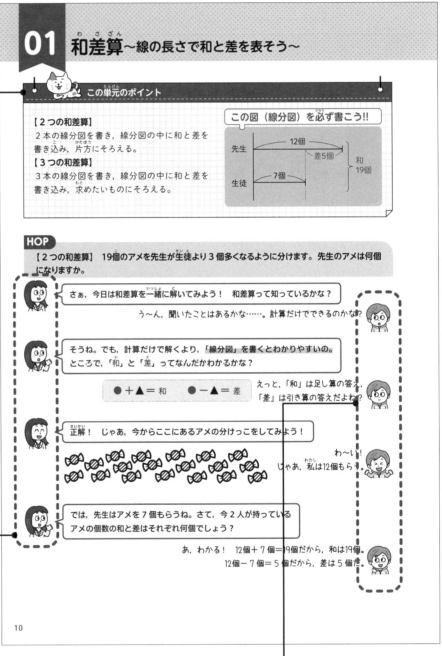

みんなの代表と
して,先生にいろいろ
質問しているよ。

右側には「書く内容」の
説明や注意点を
載せてるニャ。

STEP

実際に解く手順を詳しく載せています。

書く（解く）順番がわかるよ。
さあ，鉛筆を持って！

赤字が自分で書く
部分だね。

既に書いたものは黒字に
なっているから，書き加
える部分がわかるはず。

STEP

【2つの和差算】リンゴとカキが合わせて32個あります。リンゴがカキより8個多いとき，カキは何個ありますか。

作業しよう

手順①

手順②

手順③

8個　32個

手順④

① 線分図を2本書く。
リンゴとカキのどちらが多いかを考えて2本の線分図を書く（長い線1本と短い線1本）。

② 和と差を書き込む。
線分図の中に，和の32個と差の8個を書き込む。

③ 片方に個数をそろえる。
②の線分図のリンゴをカキと同じ個数にそろえて，カキの個数×2が何個になるかの式を立てる。
32個−8個＝24個…カキ×2

④ 計算をする。
カキの個数を求める。
リンゴの個数も求めて問題の条件（和）に合っているかの確かめをする。
24個÷2＝12個…カキ
確かめ　12個＋8個＝20個…リンゴ
12個＋20個＝32個…和
カキ　リンゴ

やってみよう！

リンゴとカキが合わせて47個あります。リンゴがカキより13個多いとき，カキは何個ありますか。

確かめをするくせを
つけようね！

【やってみよう！解答】リンゴ　13個　47個　47個−13個＝34個　34個÷2＝17個…カキ

12

やってみよう！

似たような問題を載せました。
同じ形式の問題を同じ手順で
書いて解き，確認します。

JUMP

実際の入試問題や練習問題です。
STEPで身につけた書き方を使って
実戦に挑みます。

空いているスペースに
図・表や式を書いて解くニャ。

JUMP！
入試問題にチャレンジしてみよう！
（右側を隠して解いてみよう）

01
和差算

(1) 赤玉と白玉が合わせて27個あります。赤玉が白玉より11個少ないとき，白玉の個数は□個です。
（学習院中等科　2020　第1回）

(2) 連続する5個の整数を足すと1650になります。このとき，連続する5個の整数のうち最も小さい数を求めなさい。
（筑波大学附属中学校　2020）

(3) A君，B君，C君の3人がいます。B君の所持金はA君の所持金の3倍であり，C君の所持金より5420円少ないです。また，C君の所持金はA君の所持金より1000円多いです。A君の所持金は□円です。
（桐光学園中学校　2020　第1回）

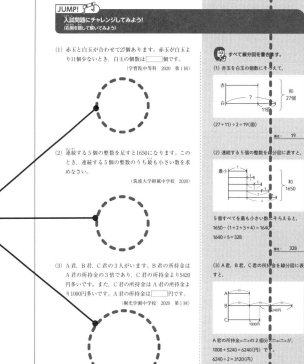

すべて線分図を書きます。

(1) 赤玉を白玉の個数にそろえて，

(27＋11)÷2＝19(個)

答え　19

(2) 連続する5個の整数を線分図に表すと，

5個すべてを最も小さい数にそろえると，
1650−(1＋2＋3＋4)＝1640
1640÷5＝328

答え　328

(3) A君，B君，C君の所持金を線分図に表すと，

A君の所持金の2個分が，
1000＋5240＝6240(円)で，
6240÷2＝3120(円)

答え　3120

何倍というときは□を書くとわかるね！

著者より

算数は「作業力」！
解けない子には，圧倒的
に作業力が足りていませ
ん。実際に手を動かして
解き方を覚えましょう。

この線の辺りで紙を折ると，
正解や解説を隠せるよ。

第1章　和差算　15

第1章

文章題

01 和差算　　　　　　　　　　　〜線の長さで和と差を表そう〜

02 消去算　　　　　　　　　　　〜知りたいもの以外を消そう〜

03 差集め算（過不足算）　　　　〜単位量当たりの差に注目しよう〜

04 つるかめ算　　　　　　　　　〜もし全部つるだったら〜

05 分配算　　　　　　　　　　　〜みんなで山分け〜

06 倍数算　　　　　　　　　　　〜変わらないものに注目〜

07 相当算　　　　　　　　　　　〜基準は何？〜

08 やりとり算　　　　　　　　　〜流れをつかもう〜

09 年齢算　　　　　　　　　　　〜みんな平等に年を取る〜

10 平均算　　　　　　　　　　　〜でこぼこを平らにする〜

11 仕事算　　　　　　　　　　　〜仕事全体を整数にしよう〜

12 ニュートン算　　　　　　　　〜減る量に注目しよう〜

13 集合算　　　　　　　　　　　〜条件を整理しよう〜

14 植木算　　　　　　　　　　　〜木の数と間の数に注目しよう〜

15 方陣算　　　　　　　　　　　〜模式図を書こう〜

16 日歴算　　　　　　　　　　　〜何日目？　何日後？〜

17 推理算　　　　　　　　　　　〜名探偵になろう〜

18 3段つるかめ算・いもづる算　〜わかる合計は2つ？　1つ？〜

和差算 〜線の長さで和と差を表そう〜

【2つの和差算】
2本の線分図を書き，線分図の中に和と差を書き込み，片方にそろえる。

【3つの和差算】
3本の線分図を書き，線分図の中に和と差を書き込み，求めたいものにそろえる。

この図（線分図）を必ず書こう!!

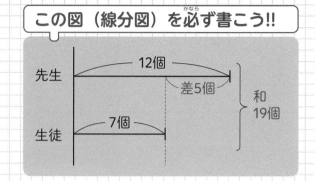

HOP

【2つの和差算】 19個のアメを先生が生徒より3個多くなるように分けます。先生のアメは何個になりますか。

 さぁ，今日は和差算を一緒に解いてみよう！　和差算って知っているかな？

う〜ん，聞いたことはあるかな……。計算だけでできるのかな？

 そうね。でも，計算だけで解くより，「線分図」を書くとわかりやすいの。ところで，「和」と「差」ってなんだかわかるかな？

 えっと，「和」は足し算の答え，「差」は引き算の答えだよね？

$$●＋▲＝和 \qquad ●－▲＝差$$

 正解！　じゃあ，今からここにあるアメの分けっこをしてみよう！

わ〜い！
じゃあ，私は12個もらう。

 では，先生はアメを7個もらうね。さて，今2人が持っているアメの個数の和と差はそれぞれ何個でしょう？

あ，わかる！　12個＋7個＝19個だから，和は19個。
12個－7個＝5個だから，差は5個だ。

では，今ここにある19個のアメを，
先生がキミより 3 個多くなるように分けると，先生は何個もらえる？

う～ん……。

じゃあここで「線分図」を書いてみようか。

線分図って何？

「線分図」はね，個数などの大きさを線の長さで表した図のことだよ。個数
が多い場合は線を長く，個数が少ない場合は線を短く書くの。

えっと，こんな感じかな？

そう！　この 2 本の線を左端（ひだりはし）でそろえて，和と差を書き込んでみよう。
和は合計だから右側（みぎがわ）に ｝ で書こう。

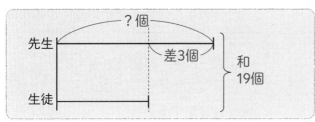

すごい!!　大小関係（かんけい）がよくわかるね。
でも，ここからどうやって先生のアメの個数を求めるの？

先生のアメはキミより 3 個多いよね？　じゃあ，
キミのアメも 3 個増（ふ）やしたら先生と同じ個数になるよね！
同じ個数にすると，2 人の和は，19個＋3 個＝22個。
ということは，先生の個数は22個÷2 人＝<u>11個</u>になるね。

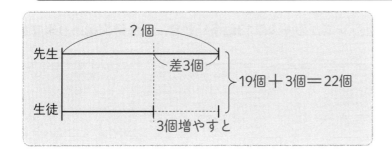

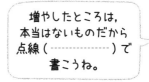
増やしたところは，
本当はないものだから
点線（--------）で
書こうね。

そっか～。
同じ個数にそろえるんだね!!

【２つの和差算】 リンゴとカキが合わせて32個あります。リンゴがカキより８個多いとき，カキは何個ありますか。

✏️ 作業しよう

手順①

① 線分図を２本書く。

　リンゴとカキのどちらが多いかを考えて２本の線分図を書く（長い線１本と短い線１本）。

手順②

② 和と差を書き込む。

　線分図の中に，和の32個と差の８個を書き込む。

手順③

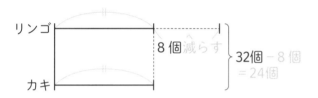

③ 片方に個数をそろえる。

　②の線分図のリンゴをカキと同じ個数にそろえて，カキの個数×２が何個になるかの式を立てる。

　32個－８個＝24個…カキ×２

手順④　24÷2＝12（個）

　　　　　　　　　　　　　　12個

④ 計算をする。

　カキの個数を求める。

　リンゴの個数も求めて問題の条件（和）に合っているかの確かめをする。

　24個÷2＝12個…カキ

　┌ 確かめ　12個＋８個＝20個…リンゴ
　│
　│　　　　　12個＋20個＝32個…和
　└　　　　　カキ　　リンゴ　　　　　┘

やってみよう！

リンゴとカキが合わせて47個あります。リンゴがカキより13個多いとき，カキは何個ありますか。

確かめをするくせをつけようね！

[やってみよう！ 解答]　リンゴ

　　　　　　　　　　　　　　13個 ｝和47個

　　　　　　　　　　　　カキ

47個－13個＝34個
34個÷2＝17個…カキ

HOP

【3つの和差算】 ABC 3つの整数があり，合計は75です。A は B より25小さく，A は C より7大きいとき，A はいくつですか。

 じゃあ，次は 3 つの和差算に取り組んでみよう！

えっ……。難しそうだけど……。線分図を 3 本書くの？
なんか頭がごちゃごちゃになるよ～。

 じゃあ，ABC の中でどれが一番大きいか考えてみようか。
大小関係を線分図で整理してみると，下の図のようになるよね。

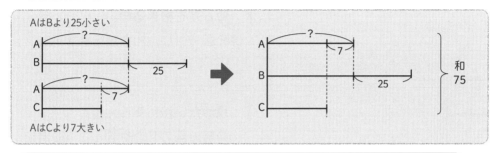

 A は B より小さく，C より大きいんだから一番大きいのは B だね。
次に大きいのは A で，一番小さいのが C だね。

なるほど～。線分図って便利だね！
えっと……，今 A を出したいんだよね？

 そうだね。A を聞かれているんだから，B も C も A にそろえてみようか。

え。どうやるの？

 B を A と同じ整数にするためには25を引いて，C を A と同じ整数にするためには7を足すんだね。そうすると合計は 75 − 25 ＋ 7 ＝ 57 だね。

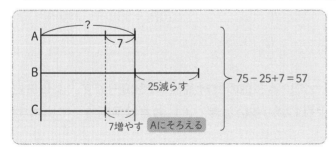

そっか！ 57が A 3 個分だね。
ということは，A は，57÷3＝19 だ！

 大正解！ よし！ 次のページで一緒に練習しようね。

【3つの和差算】 せいや君，ゆうすけ君，こうじ君の3人が持っているお金の合計金額は1210円です。ゆうすけ君はせいや君より380円多く，こうじ君はゆうすけ君より270円少ないとき，ゆうすけ君は何円持っていますか。

 作業しよう

手順①

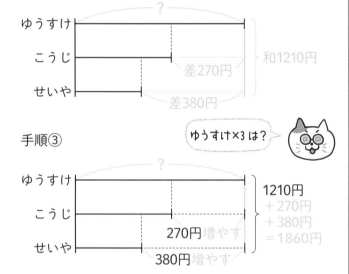

手順②

手順③

ゆうすけ×3は？

手順④ 1860÷3＝620（円）

620円

① 線分図を3本書く。
　3人の中で誰が一番多いかを考えて3本の線分図を書く。

② 和と差を書き込む。
　線分図の中に，和と差を書き込む。

③ 求めたい線にそろえる。
　②の線分図のせいや君とこうじ君をゆうすけ君と同じ金額にそろえて，ゆうすけ君×3がいくらになるかの式を立てる。
1210円＋270円＋380円＝1860円
　　　　　　　　　　…ゆうすけ君×3

④ それぞれの金額を求める。
　ゆうすけ君の持っている金額を求める。
　せいや君とこうじ君の金額も求めて問題の条件（和）に合っているかの確かめをする。
1860円÷3＝620円…ゆうすけ君
確かめ　620円－270円＝350円…こうじ君
　　　　620円－380円＝240円…せいや君
　　　　620円＋350円＋240円＝1210円…和

やってみよう！

よしお君，こうすけ君，あつし君の3人が持っているお金の合計金額は2800円です。よしお君はこうすけ君より340円多く，こうすけ君はあつし君より120円多いとき，よしお君は何円持っていますか。

最後に確かめをやると不正解が減るよ！

[やってみよう！　解答]

2800円＋340円＋340円＋120円＝3600円…よしお君×3
3600円÷3＝1200円…よしお君

JUMP!

入試問題にチャレンジしてみよう！
(右側を隠して解いてみよう)

(1) 赤玉と白玉が合わせて27個あります。赤玉が白玉より11個少ないとき，白玉の個数は□□□個です。

(学習院中等科　2020　第1回)

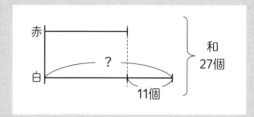

すべて線分図を書きます。

(1) 赤玉を白玉の個数にそろえて，

$(27 + 11) \div 2 = 19$（個）

答え：　19

(2) 連続する5個の整数を足すと1650になります。このとき，連続する5個の整数のうち最も小さい数を求めなさい。

(筑波大学附属中学校　2020)

(2) 連続する5個の整数を線分図に表すと，

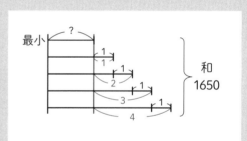

5個すべてを最も小さい数にそろえると，

$1650 - (1 + 2 + 3 + 4) = 1640$

$1640 \div 5 = 328$

答え：　328

(3) A君，B君，C君の3人がいます。B君の所持金はA君の所持金の3倍であり，C君の所持金より5420円多いです。また，C君の所持金はA君の所持金より1000円多いです。A君の所持金は□□□円です。

(桐光学園中学校　2020　第1回)

(3) A君，B君，C君の所持金を線分図に表すと，

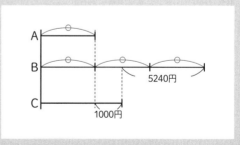

A君の所持金⌒の2個分⌒⌒が，

$1000 + 5240 = 6240$（円）です。

$6240 \div 2 = 3120$（円）

答え：　3120

何倍というときは⌒を書くとわかるね！

消去算 〜知りたいもの以外を消そう〜

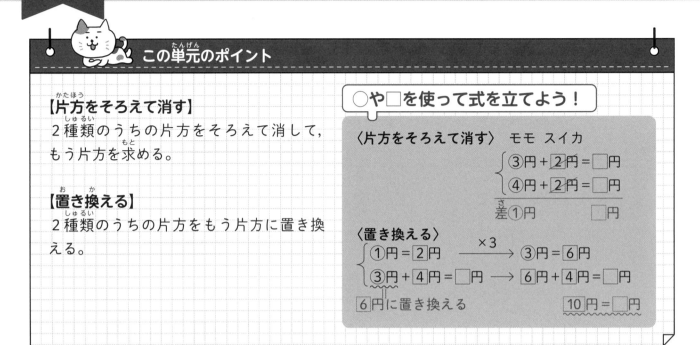

この単元のポイント

【片方をそろえて消す】
2種類のうちの片方をそろえて消して，もう片方を求める。

【置き換える】
2種類のうちの片方をもう片方に置き換える。

○や□を使って式を立てよう！

〈片方をそろえて消す〉 モモ スイカ
$$③円 + ②円 = □円$$
$$④円 + ②円 = □円$$
差 ①円 　 □円

〈置き換える〉
①円 = ②円 　×3→ ③円 = ⑥円
③円 + ④円 = □円 → ⑥円 + ④円 = □円
⑥円に置き換える 　 10円 = □円

HOP

【片方をそろえて消す】 果物屋さんで，カキを3個とリンゴを2個買うと460円になり，カキを3個とリンゴを5個買うと790円になります。このとき，リンゴは1個いくらですか。

 さぁ，今日は消去算を一緒に解いてみよう！ 消去算って知っているかな？
2種類のうち片方を消してもう片方を求めるのが消去算。
って言ってもよくわからないよね。じゃあ具体的に上の問題を解いてみようか。

えっと……，あれ？ カキは同じ個数だね！
ということは，増えたリンゴのぶんだけ値段が上がったんだね！

 大正解！ じゃあ，状況を見やすいように図にしてみようか。

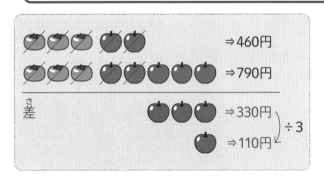
⇒460円
⇒790円
差 ⇒330円
⇒110円 ÷3

図だと具体的で見やすいね〜。
確かにカキが消えた！

 増えたリンゴは，5個−2個＝3個だよね。そのリンゴ3個分が，
790円−460円＝330円だから，リンゴ1個は，330円÷3個＝<u>110円</u>になるね。

【片方をそろえて消す】　ミカン1個とリンゴ2個を買うと290円，ミカン3個とリンゴ4個を買うと630円のとき，ミカン1個はいくらですか。

あれ……。さっきと違うよ。ミカンもリンゴも同じ個数じゃないね。
どちらかが同じ個数じゃないとわからないよぉ。

そう！　その考え方は大正解だよ！

どちらかが同じ個数ならさっきみたいに差が利用できるよね。リンゴの個数を4個にそろえられないか考えてみようか。

リンゴを4個？　ん〜……，どういうこと？

ミカン1個とリンゴ2個で290円ということは2倍すると……，
ミカン2個とリンゴ4個で580円になるよね。これを図にしてみると……，

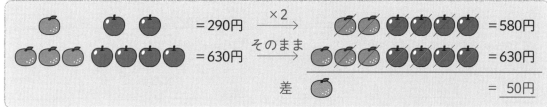

あ，リンゴがそろったからミカンの個数の差と金額がわかるね。

そうだね。ミカンの個数の差は，3個 − 2個 = 1個，金額の差は，
630円 − 580円 = 50円だから，ミカン1個の値段は50円になるね。

すご〜い!!

リンゴの個数をそろえて消すことで，ミカンの値段がわかったね。
こんなふうに2種類のうち片方をそろえて消すことで，もう片方を求めることができる問題を，消去算というんだよ。

なるほど〜。

じゃあ今の問題をリンゴの個数ではなく，ミカンの個数をそろえて考えてみようか。

えっと……，さっきはリンゴは2個と4個だから4個にそろえたよね。
あ！　4は2と4の最小公倍数だ!!

 そうだね。ミカンは1個と3個だから最小公倍数の3個にそろえようか。

でもさ〜先生，ちょっと図を書くのが大変だよ〜（泣）。

 そうだよね。じゃあ，書き方を工夫してみようか。ミカン1個当たり①円，リンゴ1個当たり1円と置いて式の形に整理してみよう。

ふむふむ。

 ミカン1個とリンゴ2個で290円は，①円＋2円＝290円
ミカン3個とリンゴ4個で630円は，③円＋4円＝630円　と式に表せるよね。

ミカン　リンゴ　　　　　　　　　　ミカン　リンゴ
①円＋2円＝290円　　×3→　　③円＋6円＝870円
③円＋4円＝630円　　×1→　　③円＋4円＝630円
　　　　　　　　　　　　差　　　　2円＝240円　）÷2
　　　　　　　　　　　　　　　　　1円＝120円　（リンゴ1個）

すごい！　これだと書ける気がするよ。今度はミカンの個数がそろったからリンゴの値段がわかるね。

 そうだね。2種類のうち片方の個数を最小公倍数でそろえて消すことで，もう片方を求めることができる問題が消去算なんだよ。

お〜!

 式を書いて整理することで，何をそろえたか・どこの差に注目するといいかがわかるね。

なるほど!!

 ミカンの値段を聞かれたら，消したいのはリンゴだからリンゴの個数をそろえて消す
リンゴの値段を聞かれたら，消したいのはミカンだからミカンの個数をそろえて消す
とわかりやすいよ。
じゃあ一緒に式の書き方を練習してみようか。

STEP

【片方をそろえて消す】 果物屋さんで，モモを 3 個とスイカを 2 個買うと1060円，モモを 5 個と
スイカを 2 個買うと1300円になります。 モモ 1 個，スイカ 1 個はそれぞれいくらですか。

🏠 作業しよう

まずは式を
2つ書こう！

手順①

モモ スイカ
③円 + 2円 = 1060円
⑤円 + 2円 = 1300円

手順②

モモ スイカ
③円 + 2円 = 1060円
⑤円 + 2円 = 1300円
差②円　　　　= 240円

手順③　モモ 1 個①円は，

240円 ÷ 2個 = 120円
1060円 − 120円 × 3個 = 700円
700円 ÷ 2個 = 350円

モモ120円，スイカ350円

① ○と□を使って式を作る。

モモ 1 個を①円，スイカ 1 個を1円として，モ
モ 3 個とスイカ 2 個で1060円，モモ 5 個とスイ
カ 2 個で1300円の 2 つの式を書く。

モモ スイカ
③円 + 2円 = 1060円
⑤円 + 2円 = 1300円

② ○と□のどちらがそろっているかを考える。

スイカがそろっているので，スイカを消して，
モモの差②円（⑤円 − ③円）がいくらになるか
を書き込む。

モモの差②円 = 240円（1300円 − 1060円）。

③ モモとスイカの値段を求める。

モモ 1 個は240円 ÷ 2個 = 120円。
スイカ 2 個は，
1060円 − 120円 × 3個 = 700円
スイカ 1 個は，700円 ÷ 2個 = 350円。

やってみよう！

果物屋さんで，メロンを 1 個とミカンを 4 個買うと1170円，メロンを 1 個とミカンを 7 個買うと1410
円になります。メロン 1 個，ミカン 1 個はそれぞれいくらですか。

[やってみよう！ 解答]

メロン ミカン
①円 + 4円 = 1170円
①円 + 7円 = 1410円
差　 3円 = 240円

240円 ÷ 3個 = 80円…1
1170円 − 80円 × 4個 = 850円…①

メロン850円，ミカン80円

【片方をそろえて消す】 八百屋さんでトマト5個とナス3個を買うと630円，トマト4個とナス5個で660円になります。トマト1個はいくらですか。

 作業しよう

手順①

トマト ナス
⑤円 + ③円 = 630円
④円 + ⑤円 = 660円

手順②

トマト ナス
⑤円 + ③円 = 630円　×5　トマト ナス
④円 + ⑤円 = 660円　×3　㉕円 + ⑮円 = 3150円
　　　　　　　　　　　　　⑫円 + ⑮円 = 1980円
　　　　　　　　　　　　　差⑬円　　 = 1170円

手順③　1170円 ÷ 13個 = 90円

90円

① ○と□を使って式を作る。

トマト1個を①円，ナス1個を□1円としてトマト5個とナス3個で630円，トマト4個とナス5個で660円の2つの式を書く。

トマト ナス
⑤円 + ③円 = 630円
④円 + ⑤円 = 660円

② ○を求めるために，□を最小公倍数にそろえて消す。

トマト①円を求めたいので，ナスを③円と⑤円の最小公倍数⑮円にそろえてナスを消す。

トマト ナス　　　　　　　　トマト ナス
⑤円 + ③円 = 630円　×5　㉕円 + ⑮円 = 3150円
④円 + ⑤円 = 660円　×3　⑫円 + ⑮円 = 1980円
　　　　　　　　　　　差⑬円　　　 = 1170円

式を書いて片方を最小公倍数でそろえるときは，このように ×5，×3 をしっかり書こう。そろえて消すものは／で消そうね！

③ トマトの値段を求める。

トマトの㉕円と⑫円の差⑬円が，
3150円 − 1980円 = 1170円なので，
トマト1個の①円は，1170円 ÷ 13個 = 90円。

やってみよう！

文房具屋さんで鉛筆6本と消しゴム4個を買うと720円，鉛筆4本と消しゴム3個を買うと500円になります。消しゴム1個はいくらですか。

[やってみよう！　解答]　鉛筆 消しゴム　　　　　　　鉛筆 消しゴム
　　　　　　　　　　　⑥円 + ④円 = 720円　×2　⑫円 + ⑧円 = 1440円
　　　　　　　　　　　④円 + ③円 = 500円　×3　⑫円 + ⑨円 = 1500円
　　　　　　　　　　　　　　　　　　　　　　　　　□1円 = 60円　　60円

HOP

【置き換える】 リンゴ1個の値段は，カキ2個の値段と同じです。リンゴ3個とカキ4個を買うと500円になります。このとき，カキ1個はいくらですか。

 消去算の式の書き方には慣れてきたかな。じゃあ，次は「置き換え」の消去算をやってみようか。

「置き換え」の消去算？　何かを置き換えるのかな。

 そうだね。何をどう置き換えるのかは具体的な問題で見ていこうか。リンゴ1個を①円，カキ1個を１円として式にすると，

①円 ＝ ②円
③円 ＋ ④円 ＝ 500円

あれ……。さっきと違うよ。さっきは③円＋④円＝500円みたいな式が2つできて，○か□を最小公倍数でそろえて片方を消せたのに。

 そうだね。でも，消去算だから同じように片方を消すんだよ。①円が②円と同じだよね。じゃあ，③円は……？

あ！　わかった！　①円＝②円ということは， ①円の3倍の③円は，②円の3倍の⑥円だね！

 大正解!! ③円＋④円＝500円の③円を⑥円に置き換えると，

⑥円 ＋ ④円 ＝ 500円
⑩円 ＝ 500円

つまりカキ1個の１円は，500円÷10個＝50円になるね。

なるほど〜。○を□に置き換えて片方（○）を消すんだね！

 そのとおり！ この消去算も慣れが大切。次のページで一緒に置き換えの練習をしてみよう！

よし！　チャレンジしてみる！

【置き換える】 カボチャ1個の値段は，ナス4本の値段と同じです。カボチャ2個とナス5本を買うと1040円になります。カボチャ1個はいくらですか。

 作業しよう

手順①

カボチャ　ナス
①円 ＝ 4円
②円 ＋ 5円 ＝ 1040円

① ○と□を使って式を作る。

カボチャ1個を①円，ナス1本を1円として
2つの式を書く。

カボチャ　ナス
①円 ＝ 4円
②円 ＋ 5円 ＝ 1040円

手順②

カボチャ　ナス
×2（ ①円 ＝ 4円 ）×2
　　 ②円 ＋ 8円

カボチャを2倍したら
ナスも2倍だね！

② ○を□で表す。

カボチャの②円をナスの□円にすると，

カボチャ　ナス
×2（ ①円 ＝ 4円 ）×2
　　 ②円 ＝ 8円

手順③　8円 ＋ 5円 ＝ 1040円
　　　 13円 ＝ 1040円

③ ○を□に置き換えて式を書き直す。

②円を8円に置き換えて式を書く。
8円 ＋ 5円 ＝ 1040円
つまり，13円 ＝ 1040円。

手順④　1040円 ÷ 13個 ＝ 80円…1円
　　　 80円 × 4 ＝ 320円…①円

320円

④ **カボチャの値段を求める。**

ナス1本1円は，
1040円 ÷ 13個 ＝ 80円
カボチャ1個の①円は，4円と同じなので，
80円 × 4 ＝ 320円。

やってみよう！

スイカ1個の値段は，モモ3個の値段と同じです。スイカ3個とモモ7個を買うと2400円になります。
スイカ1個はいくらですか。

[やってみよう！　解答] スイカ　モモ
①円 ＝ 3円 ⟶ ③円 ＝ 9円
③円 ＋ 7円 ＝ 2400円
‖
9円 ＋ 7円 ＝ 2400円

2400円 ÷ 16個 ＝ 150円…モモ1個（1円）
150円 × 3 ＝ 450円…スイカ1個（①円）
450円

JUMP!

入試問題にチャレンジしてみよう！
（右側を隠して解いてみよう）

(1) ある動物園の入場料は，大人3人と子ども5人で3300円です。大人1人と子ども3人では1500円です。子ども1人の入場料はいくらですか。

（共立女子中学校　2020）

(2) 鉛筆10本と消しゴム6個を買うと1080円です。また，鉛筆3本の金額に12円を加えると消しゴム1個を買うことができます。消しゴム1個の値段を答えなさい。

（自修館中等教育学校　2017　A1）

(3) 消費税率8％の商品Aと消費税率10％の商品Bがあります。商品Aと商品Bを1つずつ買ったときの合計金額は2022円で，そのうち消費税分は172円です。商品A1つの税抜き価格を求めなさい。

（早稲田実業学校中等部　2022）

---

①円や①円を使って式を立ててみましょう！

(1) 大人1人の入場料を①円，子ども1人の入場料を①円として式を書くと，

大人 子ども		大人 子ども
③円 + ⑤円 = 3300円 ×1 →		③円 + ⑤円 = 3300円
①円 + ③円 = 1500円 ×3 →		③円 + ⑨円 = 4500円
	差	④円 = 1200円

1200円 ÷ 4人 = 300円

答え：　300円

(2) 鉛筆1本を①円，消しゴム1個を①円として式を書くと，

鉛筆 消しゴム	
⑩円 + ⑥円 = 1080円	
③円 + 12円 = ①円 ×6 →	⑱円 + 72円 = ⑥円

つまり，

⑩円 + ⑱円 + 72円 = 1080円

（1080円 − 72円）÷ 28本 = 36円…鉛筆①円

36円 × 3本 + 12円 = 120円（消しゴム）

答え：　120円

(3) 商品Aの税抜き価格を①円，商品Bの税抜き価格を①と置き，式を作ります。Bの□のほうがそろえやすいため，1.1にそろえます。

A B		A B
1.08円 + 1.1円 = 2022円 ×1 →		1.08円 + 1.1円 = 2022円
Aの税込み Bの税込み		
0.08円 + 0.1円 = 172円 ×11 →		0.88円 + 1.1円 = 1892円
Aの消費税 Bの消費税	差	0.2円 = 130円

Aの税抜き価格①円は，130 ÷ 0.2 = 650（円）

答え：　650円

03 差集め算(過不足算) ~単位量当たりの差に注目しよう~

この単元のポイント

「単位量（1人など）当たりの差が集まって全体の差になること」を利用する。

1人当たりの差×全体人数＝全体の差。

【余る・ぴったりパターン】

【不足・ぴったりパターン】

【余る・余るパターン】

【不足・不足パターン】

【余る・不足パターン】

状況図を書けるようになろう！

👤	👤	……	👤	
4個	4個	……	4個	12個余る
6個	6個	……	6個	ぴったり
差 2個	2個	……	2個	12個差

$$2個 × □人 = 12個$$

1人当たり　全体人数　全体の差
の差

HOP

【余る・ぴったりパターン】　何個かのアメを子どもたちに配ります。1人に4個ずつ配ると12個余り，1人に6個ずつ配るとちょうどぴったり配ることができます。子どもは何人いますか。

 さぁ，今日は差集め算を一緒に解いてみよう！

差集め算ってことは，差に注目するんだね？
この問題では，同じ個数のアメなのに，なんで余ったり余らなかったりするの？

 そう！　不思議だよね。いつもみたいに「なぜそういう差が生まれるか？」を状況整理してみようか。

👤	👤	…………	👤	
4個	4個	…………	4個	→ 12個余る
6個	6個	…………	6個	→ ぴったり

子ども1人につき4個ずつ配る場合と6個ずつ配る場合では，
6個ー4個で1人につき2個ずつの差が生まれるってこと？

 そのとおり!!　1人当たりの差が2個で全体の差が12個だから，
子どもは，12個÷2個＝6人だね！

お〜なるほど〜。

 『1人当たりの差が人数分集まって全体の差になる』ことを利用して解いていくのが差集め算なんだよ。じゃあ，子どもが6人いるとわかったら，アメの個数も求めてみよう。

さっきの状況図に差を書き入れて完成させてみると……,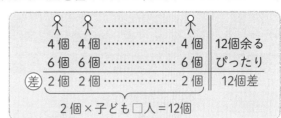

⚇	⚇	……………………	⚇	
4個	4個	……………………	4個	12個余る
6個	6個	……………………	6個	ぴったり
差 2個	2個	……………………	2個	12個差

2個×子ども□人＝12個

子どもは6人だから，アメは，4個×6人＋余り12個＝36個。
子ども1人につき6個ずつ配る場合でも確かめてみると，6個×6人＝36個。

> 状況図に1人当たりの差と全体の差を書き込むと見やすくなるよね！

HOP

【不足・ぴったりパターン】　何個かのアメを子どもたちに配ります。1人に8個ずつ配るには12個不足しますが，1人に5個ずつ配るとちょうどぴったり配ることができます。子どもの人数とアメの個数を求めなさい。

よし！　まずは，さっきと同じように状況図を書いてみるね。1人当たりの差は，8個－5個の3個だね。

そのとおり！

全体を見ると，12個不足の場合とぴったりの場合の差だから……，全体の差は12個だね。

⚇	⚇	……………………	⚇	
8個	8個	……………………	8個	12個不足
5個	5個	……………………	5個	ぴったり
差 3個	3個	……………………	3個	12個差

3個×子ども□人＝12個

1人当たりの差3個×子ども□人＝全体の差12個だから，子どもは何人になる？

エッヘン。もうわかるよ！
子どもは，12個÷3個＝4人だね。

大正解!!

アメは，8個ずつ配るには12個足りないんだから，
8個×4人－12個＝20個だね。
確かめもすると，5個ずつ配るとちょうどぴったりだから，
5個×4人＝20個だね。

お〜！　確かめをするとわかりやすいね。

> 必ず確かめをして，同じ答えになることを確認するニャ。

【余る・余るパターン】　ミカンが何個かあります。このミカンを子どもたちで同じ個数ずつ分けようとしたところ，1人に3個ずつ配ると16個余り，1人に6個ずつ配ると1個余ります。子どもの人数とミカンの個数を求めなさい。

 作業しよう

 「余る」「不足」「差」は必ず書こう！

手順①

```
3個　3個……3個 ‖ 16個余る
6個　6個……6個 ‖ 1個余る
```

手順②

```
    3個　3個……3個 ‖ 16個余る
    6個　6個……6個 ‖ 1個余る
差) 3個　3個……3個 ‖ 15個差
    └────┬────┘
```
3個×子ども□人＝15個

手順③　15個÷3個＝5人
3個×5人＋16個＝31個
子ども5人，ミカン31個

---

① 　1人に配る個数と余りの個数に注意して状況図を書く。

子ども1人にミカンを3個ずつ配る場合と，6個ずつ配る場合の状況図を書く。

```
3個　3個……3個 ‖ 16個余る
6個　6個……6個 ‖ 1個余る
```

② 　状況図に1人当たりの差と，全体の差を書き込む。

```
    3個　3個……3個 ‖ 16個余る
    6個　6個……6個 ‖ 1個余る
差) 3個　3個……3個 ‖ 15個差
    └────┬────┘
```
3個×子ども□人＝15個

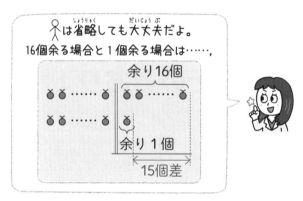

人は省略しても大丈夫だよ。
16個余る場合と1個余る場合は……，
余り16個
余り1個
15個差

③ 　1人当たりの差×人数＝全体の差を利用して人数を求める。

1人当たりの差3個×子ども□人＝全体の差15個
子どもは，15個÷3個＝5人。
ミカンは，3個×5人＋16個＝31個。
〔確かめ　6個×5人＋1個＝31個〕

やってみよう！

ミカンが何個かあります。このミカンを子どもたちで同じ個数ずつ分けようとしたところ，1人に4個ずつ配ると18個余り，1人に6個ずつ配ると2個余ります。子どもの人数とミカンの個数を求めなさい。

図の中に単位（個や人）を付けると，何を求めているかわかりやすくなるニャ。

〔やってみよう！　解答〕
```
    4個　4個……4個 ‖ 18個余る
    6個　6個……6個 ‖ 2個余る
差) 2個　2個……2個 ‖ 16個差
2個×□人＝16個
```
16個÷2個＝8人…子ども
4個×8人＋18個＝50個…ミカン
〔確かめ　6個×8人＋2個＝50個〕
子ども8人，ミカン50個

STEP

【不足・不足パターン】 リンゴが何個かあります。このリンゴを子どもたちで同じ数ずつ分けよう
としたところ，1人に9個ずつ配ると34個不足し，1人に5個ずつ配ると2個不足します。子ど
もの人数とリンゴの個数を求めなさい。

作業しよう

手順① 9個 9個……9個 │34個不足
5個 5個……5個 │2個不足

手順② 9個 9個……9個 ║34個不足
5個 5個……5個 │2個不足
㊅ 4個 4個……4個 │32個差

4個×子ども□人＝32個

手順③ 32個÷4個＝8人
9個×8人−34個＝38個
子ども8人，リンゴ38個

① 1人に配る個数と不足の個数に注意して状況図
を書く。
子ども1人にリンゴを9個ずつ配る場合と，5個
ずつ配る場合の状況図を書く。

9個 9個……9個 ║34個不足
5個 5個……5個 │2個不足

② 状況図に1人当たりの差と全体の差を書き込む。

9個 9個……9個 ║34個不足
5個 5個……5個 │2個不足
㊅ 4個 4個……4個 │32個差

4個×子ども□人＝32個

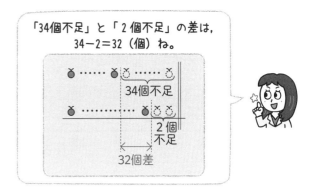

「34個不足」と「2個不足」の差は，
34−2＝32（個）ね。

③ 1人当たりの差×人数＝全体の差を利用して人
数を求める。
1人当たりの差4個×子ども□人＝全体の差32個
子どもは，32個÷4個＝8人。
リンゴは，9個×8人−34個＝38個。
〔確かめ 5個×8人−2個＝38個〕

やってみよう！

リンゴが何個かあります。このリンゴを子どもたちで同じ個数ずつ分けようとしたところ，1人に8個ずつ
配ると13個不足し，1人に7個ずつ配ると3個不足します。子どもの人数とリンゴの個数を求めなさい。

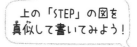 上の「STEP」の図を
真似して書いてみよう！

〔やってみよう！ 解答〕 8個 8個……8個 │13個不足
7個 7個……7個 │3個不足
㊅ 1個 1個……1個 │10個差

1個×□人＝10個

10個÷1個＝10人…子ども
8個×10人−13個＝67個…リンゴ
〔確かめ 7個×10人−3個＝67個〕
子ども10人，リンゴ67個

HOP

【余る・不足パターン】 何個かのアメを子どもたちに配ります。1人に4個ずつ配ると10個余り，1人に7個ずつ配ると5個不足します。子どもの人数とアメの個数を求めなさい。

さぁ，次は『余る・不足混在』パターンをやってみようか。
まずは，さっきと同じように状況図を書いてみようね！

状況図を書くと，1人当たりの差は，7個－4個の3個だね。でも，全体の差は
何個だろう？ 10個余る場合と5個不足する場合だから……，あれ？

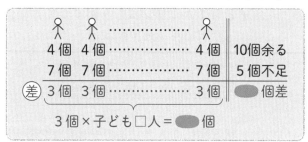

じゃあ，余ると不足の関係を具体的に見てみようか？

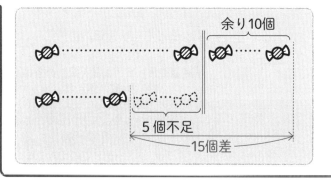

10個余る場合と5個不足
する場合の差は，地上10mと
地下5mの差に置き換えると
わかるね。

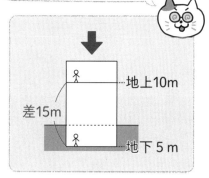

なるほど‼ 全体の差は，10個余りと5個不足の差だから，
10個＋5個＝15個なんだね。

そのとおり。
1人当たりの差3個×□人＝全体の差15個だから，
子どもは15個÷3個＝5人 だね。

もうわかったよ！
ということは，アメの個数は，4個×5人＋10個＝30個 だね。
確かめもすると，7個×5人－5個＝30個だ。

大正解！ じゃあ，次はちょっと応用ね。

う……，応用？

HOP

【余る・不足パターン】 長いすに子どもが座ります。長いす1脚につき6人ずつ座ると8人座れなくなります。そこで，長いす1脚につき8人ずつ座ると最後の長いすには2人しか座れません。子どもは何人いますか。

よし！ まずは状況図を書いてみよう！ あれ……，何の差を見ればいいの？

そう！ そこを悩むよね。
じゃあ，長いすに子どもを配ると考えてみようか？

なるほど〜。アメじゃなくて子どもを配るんだね！

そう！ 長いす1脚につき子どもを6人ずつ配ると8人座れないってことは……，子どもが8人余るってことになるよね。
で，長いす1脚につき子どもを8人ずつ配ると最後の長いすには2人しか座れないから……，最後の長いすまで8人ずつ配るためには，子どもは8人−2人＝6人不足ってことになるよね。

		ここをしっかりと書こうね！
6人 ……… 6人 6人	8人余る	
8人 ……… 8人 ⑧2人	6人不足（8人−2人）	
差 2人 ……… 2人 2人	14人差（8人＋6人）	

2人×長いす□脚＝14人

長いすに子どもを配ると考えると，アメを配るのと同じように考えられるね！

そっか！ これで1脚当たりの差と全体の差がわかるね！
状況図を書くと，差が目で見てわかるんだね〜。

そう。状況図に「子どもが何人余るか・不足するのかを書き込むこと」が大切だね。
1脚当たりの差は，8人−6人＝2人で，全体の差は，
8人余りと6人不足の差だから，8人＋6人＝14人だね。

ということは……，
1脚当たりの差2人×□脚＝全体の差14人だから，
長いすは，14人÷2人＝7脚だね。

大正解！ じゃあ子どもは何人かな？

子どもは，6人×7脚＋8人＝50人 だ！
確かめもすると，8人×7脚−6人＝50人だね。
（8人×6脚＋2人＝50人でも，確かめができる）

【余る・不足パターン】 何個かのグミを子どもたちに配ります。1人に6個ずつ配ると23個余り，1人に10個ずつ配ろうとすると5個不足します。子どもの人数とグミの個数を求めなさい。

作業しよう

手順①

6個 6個…… 6個	23個余る
10個 10個……10個	5個不足

① 1人に配る個数と余りと不足の個数に注意して状況図を書く。

子ども1人にグミを6個ずつ配る場合と，10個ずつ配る場合の状況図を書く。

6個 6個…… 6個	23個余る
10個 10個……10個	5個不足

手順②

6個 6個…… 6個	23個余る
10個 10個……10個	5個不足
⊛ 4個 4個…… 4個	28個差

4個×子ども□人＝28個

② 状況図に1人当たりの差と全体の差を書き込む。

6個 6個…… 6個	23個余る
10個 10個……10個	5個不足
⊛ 4個 4個…… 4個	28個差

4個×子ども□人＝28個

「23個余る」と「5個不足」の差は23個＋5個＝28個になるんだニャ。

手順③

28個÷4個＝7人

6個×7人＋23個＝65個

子ども7人，グミ65個

③ 1人当たりの差×人数＝全体の差を利用して人数を求める。

1人当たりの差4個×子ども□人＝全体の差28個
子どもは，28個÷4個＝7人。
グミは，6個×7人＋23個＝65個。
〔確かめ 10個×7人－5個＝65個〕

やってみよう！

何個かのグミを子どもたちに配ります。1人に8個ずつ配ると35個余り，1人に13個ずつ配ると15個不足します。子どもの人数とグミの個数を求めなさい。

[やってみよう！ 解答]

8個 8個…… 8個	35個余る
13個 13個……13個	15個不足
⊛ 5個 5個…… 5個	50個差

5個×□人＝50個

50個÷5個＝10人…子ども
8個×10人＋35個＝115個…グミ
〔確かめ 13個×10人－15個＝115個〕
子ども10人，グミ115個

入試問題にチャレンジしてみよう！
（右側を隠して解いてみよう）

(1) 生徒に鉛筆を配ります。初めの6人には8本ずつ配り、残りの生徒に7本ずつ配っていくと2本余ります。全員に9本ずつ配ると18本不足します。鉛筆は何本ありますか。

（國學院大學久我山中学校　2016　1次）

(1) 状況図を書きます。

	6人					?人			
8本	8本	8本	8本	8本	8本	7本	…	7本	2本余る
9本	9本	9本	9本	9本	9本	9本	…	9本	18本不足

このままでは、1人当たりの差をそろえることができないので、上の段の6人を、8本から7本にして状況図を書きます。8本から7本にするので、1人当たり1本（8本−7本）ずつ減るので、余りが1本×6人＝6本増えて、元々の2本余り＋6本＝8本余ることになります。

							7 7 7 7 7 7			8
8本	8本	8本	8本	8本	8本	7本	…	7本	2本余る
9本	9本	9本	9本	9本	9本	9本	…	9本	18本不足
差 2本	2本	2本	2本	2本	2本	2本	…	2本	26本（8本＋18本）

2本×生徒□人＝26本

26本÷2本＝13人…生徒

9本×13人−18本＝99本…鉛筆
　　　　　　　不足

答え：　99本

(2) 子どもたちにミカンを配ります。1人に3個ずつ配ると10個余り、5個ずつ配ると最後の1人はいくつか足りませんでした。
　このとき、最初にあったミカンの個数は◻️◻️◻️個または◻️◻️◻️個です。

（浅野中学校　2023）

(2) 状況図を書きます。5個ずつ配ると「最後の1人はいくつか足りなかった」ので、最後の1人がもらったミカンは、1個か2個か3個か4個ということになります。

3個	3個	…	3個	10個余る
5個	5個	…	1〜4個	

最後の1人のミカンが1個なら
不足したミカンは、5個−1個＝4個
最後の1人のミカンが4個なら
不足したミカンは、5個−4個＝1個

不足を書き込んで状況図を書き直すと

3個	3個	…	3個	10個余る
5個	5個	…	5個	1〜4個不足
差 2個	2個	…	2個	11個〜14個差（10+1=11(個) 10+4=14(個)）

2個×子ども□人＝11個、12個、13個、14個
　　　　　　＝
　　　2の倍数なので、　12個か14個に絞られる。

全体の差が12個のときは、

子どもは12個÷2個＝6人

ミカンは3個×6人＋10個＝28個
　　　　　　　　　　余り

全体の差が14個のときは、

子どもは14個÷2個＝7人

ミカンは3個×7人＋10個＝31個
　　　　　　　　　　余り

答え：　28, 31

04 つるかめ算 〜もし全部つるだったら〜

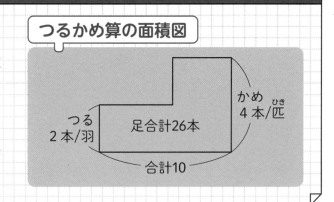
HOP

【2つのつるかめ算の面積図】　つるとかめが合わせて10いて，足の数は全部で26本です。つるは何羽いるかを求めなさい。

う〜ん……。全然わからないよ……。

 ヒントね。もしすべてがつるだったら足は全部で何本かな？

それはわかるよ。2本×10羽＝20本だ。でも，実際は足の数は26本だよね？

 そうだね。じゃあ，つるが9羽でかめが1匹だったら足は何本になる？

えっと，2本×9羽＋4本×1匹＝22本だね。あ！
つるが10羽だったときより足の本数が2本増えているよ！　何で？

 つるが1羽減ると足の数は2本減り，代わりにかめが1匹増えると足の数は4本増えるよね。つまり，つるが10羽のときの足の本数の合計20本－2本＋4本＝22本なんだ。

お〜。なるほど。つる1羽をかめ1匹に交換するから足の数の合計は2本増えるってことか。

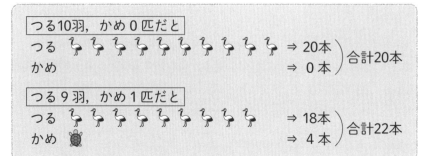

つる10羽，かめ0匹だと
つる ⇒ 20本
かめ ⇒ 0本 　合計20本

つる9羽，かめ1匹だと
つる ⇒ 18本
かめ ⇒ 4本 　合計22本

左の具体的な図を見ると，つるとかめの足の数の増減がわかるね。

問題では足の数の合計は26本だから，つるが10羽のときより，26本−20本＝6本多いね。つまり，かめは6本÷2本＝3匹，つるは10−3＝7（羽）だよ。まだ，よくわからないよね。では，キミに秘策を伝授しましょう！実は面積図にするとわかりやすいの。下の図を見てみて。

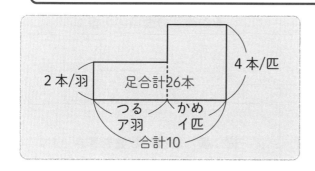

ふむふむ。縦が足の本数，横がつるやかめの数なんだね。

そのとおり。つるの足の本数の合計は，2本×ア羽で，かめの足の本数の合計は，4本×イ匹だから，

 の面積全体が足の数の合計26本になるの。

面積図の縦と横がそれぞれ何の数を表すかに注意しようね。

なるほど〜。で，どうするとつるの羽数（ア羽）が出せるのかな？

じゃあ平面図形の問題としてアの求め方を考えてみようか。

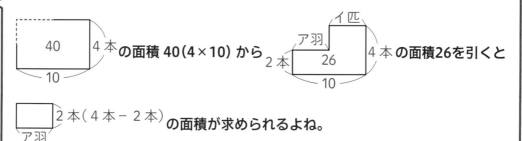

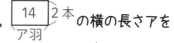 2本（4本−2本）の面積が求められるよね。

お〜‼　面積は40−26＝14だね。 の横の長さアを知りたいから14を縦の長さで割るのかな？

正解！　縦の長さは4本−2本＝2本だから，アは14÷2＝7。つまり，つるは7羽だね。

なるほど〜。面積図ってすごいね‼

こんなふうにつるとかめの頭数の合計と足の数の合計の2つの合計がわかっていて，つるとかめの頭数を求める問題をつるかめ算っていうんだよ。

【2つのつるかめ算の面積図】 つるとかめが合わせて15いて，足の数は全部で42本です。つるは何羽いるかを求めなさい。

 作業しよう

手順①

① つるかめ算の面積図を書く。

手順②

何を求めるかわかるように□を書こう。

② 縦，横，面積に数値を書き込む。

面積図に縦は「つるの足2本/羽」「かめの足4本/匹」，横は「合計15」，面積は「足の合計42本」を書き入れ，求めたいところに□を書いておく。

手順③

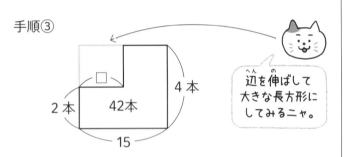

辺を伸ばして大きな長方形にしてみるニャ。

4本×15－42本＝18本

③ 大きな長方形を作る。

つるを求めるので，

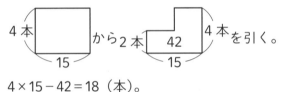

から2本 42 4本を引く。

$4 \times 15 - 42 = 18$（本）。

手順④

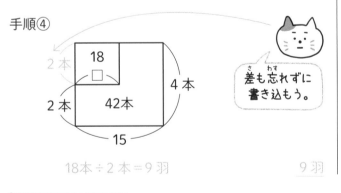

差も忘れずに書き込もう。

18本÷2本＝9羽

9羽

④ 左上の小さい長方形の面積を使って計算する。

18を左上の長方形の中に書き込み，

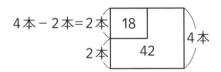

4本－2本＝2本 18 4本 2本 42

縦の長さで割って，つるの数を求める。

$18本 \div (4本 - 2本) = \underline{9}$羽。
かめ つる

やってみよう！

つるとかめが合わせて20いて，足の数は全部で64本です。つるは何羽いるかを求めなさい。

[やってみよう！ 解答]

差2本 かめ4本 つる2本 64本 20

$(4 \times 20 - 64) \div 2 = \underline{8}$（羽）。

34

【速さのつるかめ算】 家から学校までの距離1000mを行くのに，初めは分速100mで早歩きをしていましたが途中からは分速60mで歩いたところ12分かかりました。早歩きをしたのは何分間かを求めなさい。

え。これもつるかめ算なの？

 そうだよ。合計時間12分と合計距離1000mの2つの合計がわかっているよね。つるかめ算の面積図に情報を書き込んでみよう。縦が速さで横が時間で面積が距離だよ。

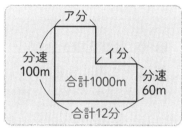

 速さの問題は，要素が「速さ，距離，時間」の3つ。どれがどれかわかるように単位を付けよう！

なるほど。

求めたいのは早歩きをしたア分だから……，あれ？

 ちょっと助け舟ね。アを求めたいから， 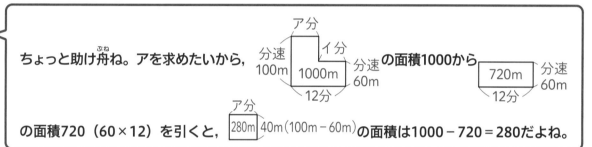 の面積720（60×12）を引くと，280m 40m（100m－60m）の面積は1000－720＝280だよね。

なるほど!! 280を100－60の40で割ればアが出るから，280÷40＝7で 7分間だ!!

 大正解!!

これって，さっきのつるかめ算みたいに  の面積を引いても求められるの？

 求められるよ。ただこの場合は， 40m（100－60m）の面積が求められるからイ分がわかるよね。イは，（100×12－1000）÷40＝5（分）になるから……，

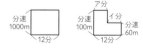

そっか。アは，12－5＝7だから 7分間だね!!
面積図っておもしろいね～！ よし！ スイッチが入った気がする！

【速さのつるかめ算】 家から学校までの距離1200mを行くのに，初めは分速120mで早歩きをしていましたが途中からは分速90mで歩いたところ12分かかりました。早歩きをしたのは何分間かを求めなさい。

 作業しよう

手順①

① つるかめ算の面積図を書く。

手順②

単位も意識しよう！

② 縦，横，面積に数値を書き込む。

面積図に，縦は速さの「分速120m」と「分速90m」，横は合計時間の「12分」，面積は合計距離の「1200m」を書き入れて，求めたいところに□を書いておく。

手順③

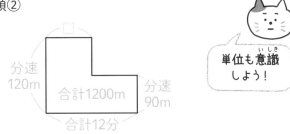

線を引いて□が横になる長方形を作るニャン。

$1200 - 90 \times 12 = 120$（m）

③ 全体から分速90mで12分歩くときの長方形の面積を引く。

分速120mで早歩きをした時間を知りたいので，

$1200 - 90 \times 12 = 120$（m）。

手順④

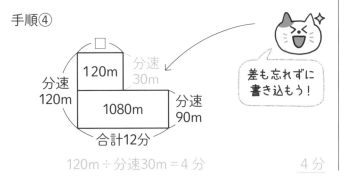

差も忘れずに書き込もう！

$120m \div 分速30m = 4$ 分

④ 左上の小さい長方形の面積を使って計算する。

120を左上の長方形に書き込み，

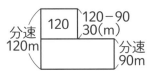

縦の長さで割って□を求める。

$120m \div (120m - 90m) = \underline{4 \text{ 分}}$。

4分

やってみよう！

家から学校までの距離1800mを行くのに，初めは分速100mで早歩きをしていましたが途中からは分速70mで歩いたところ21分かかりました。早歩きをしたのは何分間かを求めなさい。

も使えるようにしようね。

[やってみよう！ 解答]

$(1800 - 70 \times 21) \div (100 - 70) = \underline{11}$（分）

(1) 毎日5題か7題ずつ問題を解いたところ，40日間で250題解けました。7題解いたのは何日ですか。

（大宮開成中学校　2022　1回目）

(2) 千葉さんは家から4160m離れた幕張メッセまで行くのに，はじめは徒歩で分速80mで□分進み，途中から分速120mで走ったので，家を出てから46分で幕張メッセに着きました。

（千葉日本大学第一中学校　2022　第1期）

(3) 1問3点の問題と1問4点の問題が，合わせて15問出題された50点満点のテストがあります。4点の問題をすべて正解し，3点の問題を半分まちがえると，結果は□点です。

（鎌倉女学院中学校　2018　1次）

04

つるかめ算

(1) 面積図を書きます。

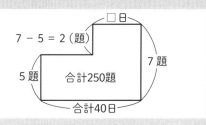

(250 − 5 × 40) ÷ (7 − 5) = 25（日）
〔確かめ　5題 × (40日 − 25日) + 7題 × 25日
= 250題〕

答え：　25日

(2) 面積図を書きます。

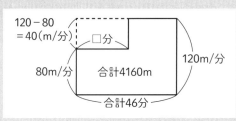

120m/分 × 46分 − 4160m = 1360m

40m/分 □分 の面積

1360m ÷ 40m/分 = 34分
〔確かめ　80m/分 × 34分 + 120m/分 × (46分 − 34分) = 4160m〕

答え：　34

(3) 面積図を書きます。

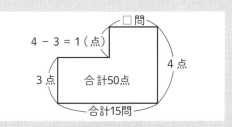

(50点 − 3点 × 15問) ÷ (4点 − 3点) = 5問 …□問

4点が5問なので，3点は15問 − 5問 = 10問

4点 × 5問 + 3点 × (10問 ÷ 2) = 35点

答え：　35

05 分配算〜みんなで山分け〜

この単元のポイント

【割合の利用　基本】
一番小さいものを基準の①にする。

【割合の利用　発展】
(①＋A)の3倍は，①×3＋A×3になる
（カッコ外し）。

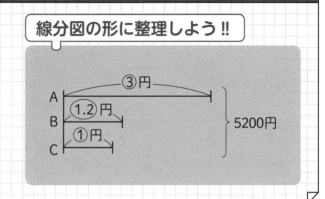

線分図の形に整理しよう!!

HOP

【割合の利用　基本】 5200円を太郎・春子・大介の3人で分けました。太郎は春子の2.5倍，春子は大介の1.2倍になるように分けたときの3人の金額をそれぞれ求めなさい。

お金の山分け問題だ。でも，割合がいろいろあるね。
3人のもらう金額がだいぶ違うんじゃない？

実際に金額がどれくらい違うのかを調べてみようか。線分図って覚えているかな？

線分図！　覚えているよ！　大小関係を線の長さで表すんだよね。

そのとおり。じゃあ線分図を書いてみようと思うんだけど，太郎・春子・大介の3人の中で一番金額が少ないのはだれだと思う？

えっと……。太郎は春子の2.5倍だから，太郎は春子より金額が多いね。
で，春子は大介の1.2倍だから，春子は大介より金額が多いね。
ということは……，大介が一番金額が少ないんだね！

正解！　じゃあ，さっそく線分図を書いてみようか。まずは一番金額が少ない大介の線を書くよ。次に，春子は大介の1.2倍だから，大介の金額を①円とすると春子の金額は①.2円だね。

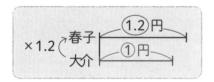

なるほど。一番金額が少ない
大介を基準にして，①と置いたんだね。

そのとおり。まずは基準①を決めると大小関係・倍数関係がわかりやすくなるの。大介の金額は①円，春子の金額は1.2円，じゃあ太郎の金額はどうなるかな？

太郎は春子の2.5倍だから，1.2円×2.5＝③円じゃない？

大正解!! 算数力が上がっているね！ じゃあ，太郎の線も書いて線分図を完成させてみよう。合計金額の5200円も書き込もうね。

05

分配算

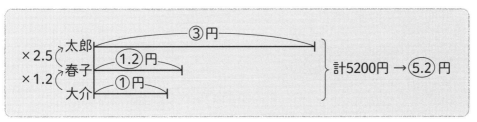

えへへ。ほめられたよ。太郎・春子・大介の3人の合計金額は，①＋1.2＋③＝5.2 だね。
この5.2が5200円だから，①は，5200円÷5.2＝1000円だ!!

そのとおり!! 大介は①円だから**1000円**，春子は1.2円だから
1000×1.2＝**1200円**，太郎は③円だから1000円×3＝**3000円**です。

よし!! お金の山分け問題は解けそうだよ。

STEP

【割合の利用　基本】　6600円を北條君・山本君・岡田君の3人で分けました。北條君は山本君の1.8倍，岡田君は北條君の1.5倍になるように分けたときの3人の金額をそれぞれ求めなさい。

手順①

① 3人の大小を考えて，3本の線分図を書く。
　北條君の線は，山本君の線よりも長く書き，岡田君の線は北條君の線よりも長く書く。合計金額6600円を書く。

手順②

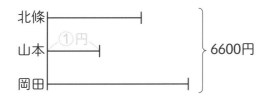

② 一番小さい金額に，基準①を書き込む。
　一番金額が少ない山本君の線を基準として①円と書く。

手順③

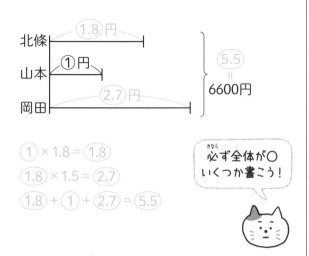

北條　(1.8)円
山本　①円
岡田　(2.7)円
}6600円

①×1.8＝(1.8)
(1.8)×1.5＝(2.7)
(1.8)＋①＋(2.7)＝(5.5)

必ず全体が○
いくつか書こう！

手順④　6600÷5.5＝1200（円）…①山本君
　　　　1200×1.8＝2160（円）…北条君
　　　　1200×2.7＝3240（円）…岡田君
　　北條君2160円，　山本君1200円，　岡田君3240円

3人の金額が出たら，3人の金額を足して
6600円になっていることを確かめるといいよ。

③　3人それぞれが○いくつになるかを計算する。
　北條君は，山本君①円×1.8＝(1.8)円，岡田君
　は，北條君(1.8)円×1.5＝(2.7)円を線分図に書
　き込む。
　3人の合計を計算して，線分図に書く。
　(1.8)＋①＋(2.7)＝(5.5)…6600円

④　①当たりの金額を求める。
　①当たりの金額を求め，3人それぞれの金額
　を計算する。
　6600÷5.5＝1200（円）…①
　北條　1200×1.8＝2160（円）…(1.8)。
　山本　1200円…①
　岡田　1200×2.7＝3240（円）…(2.7)。
　　　（2160×1.5＝3240（円））
　　　　北條

〔確かめ　2160＋1200＋3240＝6600（円）〕

やってみよう！

87000円を佐藤君・岡本君・佐野君の3人で分けました。佐野君は佐藤君の1.4倍，岡本君は佐野君の4.5倍になるように分けたときの3人の金額をそれぞれ求めなさい。

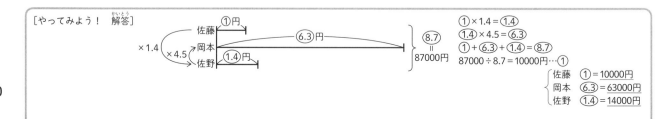

[やってみよう！　解答]

×1.4　佐藤　①円
　　　　岡本　(6.3)円
×4.5　佐野　(1.4)円
}(8.7)＝87000円

①×1.4＝(1.4)
(1.4)×4.5＝(6.3)
①＋(6.3)＋(1.4)＝(8.7)
87000÷8.7＝10000円…①
佐藤　①＝10000円
岡本　(6.3)＝63000円
佐野　(1.4)＝14000円

HOP

【割合の利用　発展】　7800円を次郎・花子・夏子の 3 人で分けました。次郎は花子の 2 倍より150円多く，夏子は次郎の 3 倍になるように分けたときの 3 人の金額をそれぞれ求めなさい。

さて，線分図はもう慣れたかな。
次は，お金の山分け問題発展編だよ。

まずは，線分図だね。
一番金額が少ない人を基準の①にすると整理しやすいんだよね？
だれが一番金額が少ないかな……。
あれ？　さっきの問題から見ると少しややこしいね。

そうだね。まずは，次郎は花子の 2 倍より150円多いから，次郎は花子より金額が多いよね。次に，夏子は次郎の 3 倍になるから，夏子は次郎より金額が多いよね？

ふむふむ。つまり，一番金額が少ない人は花子だ！
花子を①として線分図を書いてみるよ。
次郎は花子の 2 倍より150円多いから，①×2＋150円＝②＋150円だね。

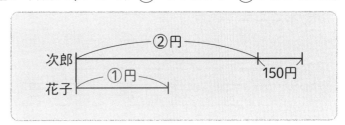

そのとおり。じゃあ，夏子はどうなるかな？

えっと，夏子は次郎の 3 倍だから（②＋150円）の 3 倍なんだけど……，
先生，これ難しくない？

発展問題だから少し難しいよね。でも，じっくり整理して考えるとわかるよ。
次郎は，（②＋150円）で，夏子は（②＋150円）の 3 個分だよね。

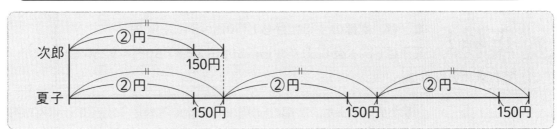

ふむふむ。

夏子は（②＋150円）の 3 個分だから，
②も150円も 3 個ずつだよね。
つまり，（②＋150円）×3 は，
②×3＋150円×3＝⑥＋450円だね。

（ ）外しはできるようにしよう！
（A＋B）×3の「×3」は，
A にも B にもかかるので，
（A＋B）×3
＝A×3＋B×3 だよ！

なるほど！

じゃあ，3 人の線分図を完成させるよ。

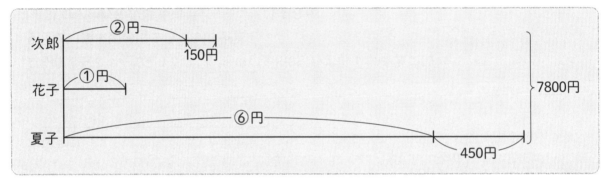

えっと，3 人の合計金額7800円は，
（②＋150円）＋①＋（⑥＋450円）＝⑨＋600円だ！

そのとおり！
⑨＋600円＝7800円だから，⑨は7800円－600円＝7200円。
つまり，①は7200円÷9＝800円だから花子は800円だね。

次郎は，（②＋150円）だから，800円×2＋150円＝1750円だね。

正解！ 夏子は，次郎の 3 倍だから1750円×3＝5250円。
夏子は（⑥＋450円）だから，800円×6＋450円＝5250円
でも求められるね。

確かめをすると，次郎1750円＋花子800円＋夏子5250円＝7800円。
お〜！ ちゃんと合っているね!! よし！ 演習してみようよ！

STEP

【割合の利用　発展】　15260円を桜子・夢子・月子の3人で分けました。桜子は月子の3倍より420円多く，夢子は桜子の2倍になるように分けたときの3人の金額をそれぞれ求めなさい。

05

分配算

作業しよう

手順①

① 3人の大小を考えて，3本の線分図を書く。

桜子の線は月子の線より長く，夢子の線は桜子の線より長く書く。

合計金額15260円を書く。

手順②

② 一番少ない金額に基準①を書き込む。

一番金額が少ない月子の線を基準として①円と書く。

桜子は，月子①円 × 3 ＋ 420円 ＝ ③円 ＋ 420円

なので， ├──③円──┤ と書く。
　　　　　　420円

手順③

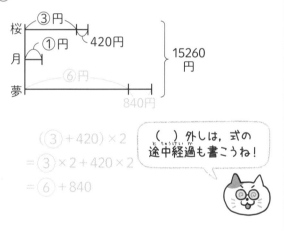

（③＋420）× 2
＝③× 2 ＋ 420 × 2
＝⑥＋840

（　）外しは，式の途中経過も書こうね！

③ カッコ外しの計算をする。

夢子は，桜子の2倍なので

(③円 ＋ 420円) × 2
＝⑥円 ＋ 840円

├────⑥円────┤ と書く。
　　　　　840円

手順④

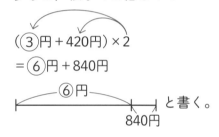

④ ◯で表した3人の合計金額を計算して図に書き込む。

(③ ＋ 420円) ＋ ① ＋ (⑥ ＋ 840円)
＝⑩ ＋ 1260円

手順⑤　15260 － 1260 ＝ 14000（円）…⑩
　　　　14000 ÷ 10 ＝ 1400（円）…①月子
　　　　1400 × 3 ＋ 420 ＝ 4260（円）…桜子
　　　　1400 × 6 ＋ 840 ＝ 9240（円）…夢子
　　　　桜子4620円，夢子9240円，月子1400円

⑤ ①当たりの金額を求めて，3人それぞれの金額を計算する。

15260（円）－ 1260（円）＝ 14000（円）…⑩
14000 ÷ 10 ＝ 1400（円）…①
桜子　1400 × 3 ＋ 420 ＝ 4620（円）…③ ＋ 420円
月子　1400円…①
夢子　1400 × 6 ＋ 840 ＝ 9240（円）…⑥ ＋ 840円
〔確かめ　4620円 ＋ 9240 ＋ 1400 ＝ 15260（円）〕

17000円を月子・陽子・花子の 3 人で分けました。花子は月子の 2 倍より1200円多く，陽子は花子の2.5 倍になるように分けたときの 3 人の金額をそれぞれ求めなさい。

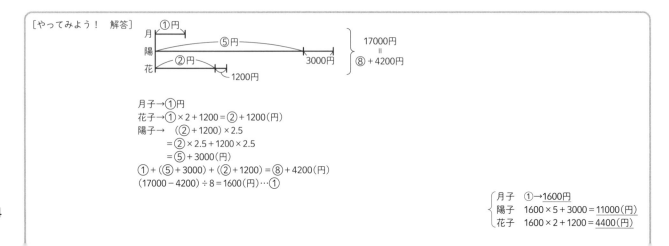

[やってみよう！ 解答]

月子→①円
花子→①×2＋1200＝②＋1200（円）
陽子→ （②＋1200）×2.5
　　　　＝②×2.5＋1200×2.5
　　　　＝⑤＋3000（円）
①＋（⑤＋3000）＋（②＋1200）＝⑧＋4200（円）
（17000－4200）÷8＝1600（円）…①

月子　①→1600円
陽子　1600×5＋3000＝11000（円）
花子　1600×2＋1200＝4400（円）

(1) 長さの異なる赤，青，黄の3本のテープがあります。3本のテープの長さの合計は60mで，赤のテープは青のテープの3倍より2m短く，青のテープは黄のテープの2倍より2m長いとき，赤のテープの長さは何mですか。

（洛星中学校　2020　前期）

(1) 一番短い黄のテープの長さを①とします。

青は黄×2＋2mなので，②＋2mです。
　　①

赤は，青×3－2mなので，（②＋2m）×3－2m
　　　　　　　　　　　　　②＋2m

＝⑥＋6m－2m＝⑥＋4m

線分図にすると，

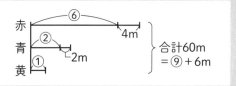

$(60-6) \div 9 = 6$(m) …①

赤は，$6 \times 6 + 4 = 40$(m)

答え：　40m

05

分配算

(2) Aさん，Bさん，Cさんが合わせて3000円持っています。AさんとBさんの所持金の差は180円で，Cさんの所持金が一番少ないです。また，AさんとCさんの所持金の差は，BさんとCさんの所持金の差の$\frac{3}{7}$です。

（神奈川大学附属中学校　2022　一次）

① AさんとCさんの所持金の差は何円ですか。

② Cさんの所持金は何円ですか。

(2) ①Cの所持金が一番少なく，AとCの差は

BとCの差の$\frac{3}{7}$なので，AとCの差を③円，B

とCの差を⑦円として線分図を書きます。

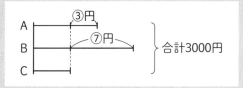

AとBの差180円は，線分図より④円（⑦－③）

です。

$180 \div 4 = 45$(円)…①

AとCの差は，$45 \times 3 = 135$(円)…③

答え：　135円

② $(3000 - 45 \times 10) \div 3 = 850$(円)
　　　　　　⑩

答え：　850円

06 倍数算 〜変わらないものに注目〜

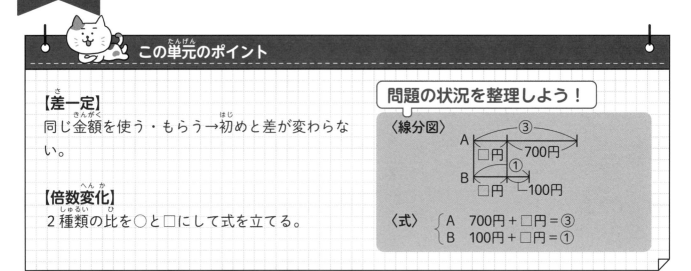

この単元のポイント

【差一定】
同じ金額を使う・もらう→初めと差が変わらない。

【倍数変化】
2種類の比を○と□にして式を立てる。

問題の状況を整理しよう！

〈線分図〉

A □円 700円 ③
B □円 100円 ①

〈式〉
A 700円 + □円 = ③
B 100円 + □円 = ①

HOP

【差一定】 たろう君は700円，花子さんは100円のお金を持っていました。今，お母さんから，たろう君も花子さんも同じ金額をそれぞれもらったところ，たろう君の所持金は花子さんの所持金の3倍になりました。たろう君と花子さんがお母さんからもらった金額を求めなさい。

3倍って書いてある。へ〜，2人とも同じ金額をもらうんだね。えっと……，何を使って状況整理をするのがよいのかなぁ……。先生，わかりません！

じゃあ，3倍という大きさを目で見てわかるようにしたいから，線分図にしてみようか。
まずは2人が初めに持っていた金額の700円と100円を線で表そう。
次に2人がお母さんからもらった同じ金額□円を線分図に書き加えるんだけど，ここがポイントなんだ。□円を初めの金額の線の左側に書き加えよう。
□円をもらった後，たろう君の所持金は花子さんの所持金の3倍になるから，花子さんの所持金全体を①とするとたろう君は？

それはわかるよ〜。①の3倍だから③だよね。線分図に書き込んで図を完成させてみたよ。

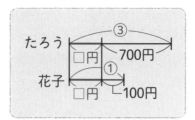

たろう □円 700円 ③
花子 □円 100円 ①

倍数算の線分図は，線の下側に実数値（円），線の上側に割合（③，①）を書くと見やすいよ！

う〜ん……。線分図の左端はそろっているけど，右端はそろってないね。

そう！ 重要なことに気づいたね!! じゃあ右端の差の③－①の②はいくらかわかるかな？

えっと……。あれ？ 700円－100円の600円が差の②なの？

大正解!! 線分図を見ると左端の□円は2人とも同じで，右端の差は『2人が初めに持っていた金額の差の600円』だよね。
つまり，2人ともお母さんから同じ金額をもらっているから，『初めと差が変わらない差一定』なんだよ。

ふむふむ。でもなんで□円を初めの金額の左側に書き加えたの？

 下を見てみて。初めと差が変わらないことは，
□円を初めの金額の右側に書き加えるより左側に書き加えたほうがわかりやすいよね。

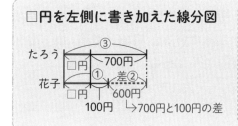 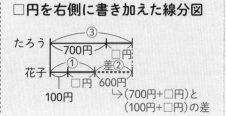

同じ金額をもらうときは，もらう前後で差は一定だニャ。

お～！ 先生すごい！

 ありがとう（笑）。②が600円とわかると，600円÷2＝300円が①だね。これが，お母さんから□円もらった後の花子さんの所持金だから，□円は300円−100円＝200円になります。

やった！ 解けた～！

 じゃあ，同じ問題を今度は式の形に状況整理してみようか。

え～，線分図で解けたのに式の形にするの？

 うん。実はね，式の形の状況整理は倍数算ではすごく万能なの！
お母さんからもらった金額を□円として消去算みたいに式にしてみるね。

たろう　700円＋□円＝③
花子　　100円＋□円＝①

あ！ 消去算の【片方をそろえて消す】と同じ形だ！
□円がそろっているから／で消すと，③と①の差がわかるんだね！

 式の形にすると消去算になるニャ。

たろう	700円＋□円	＝③
花子	100円＋□円	＝①
差	600円	＝②

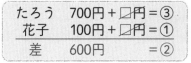

【差一定】すぐる君は480円，花子さんは230円のお金を持っていました。今，お母さんから，すぐる君も花子さんも同じ金額をそれぞれもらったところ，すぐる君の所持金と花子さんの所持金の比は 16：11 になりました。すぐる君と花子さんがお母さんからもらった金額を求めなさい。

線分図でもできますが，式の形に状況整理します。

作業しよう

手順① すぐる　480円 ＋ □円 ＝ ⑯
　　　 花子　　230円 ＋ □円 ＝ ⑪

① 同じ金額を□円として式を立てる。
　お母さんからもらった同じ金額を□円，
　16：11 を⑯，⑪として式を書く。

手順② すぐる　480円 ＋ □円 ＝ ⑯
　　　 花子　　230円 ＋ □円 ＝ ⑪
　　　 差　　　250円　　　　 ＝ ⑤

② 初めと差が変わらないことを確認する。
　そろっている□円を／で消して，⑯と⑪の差が何円か求める。
　480円 － 230円 ＝ 250円…⑤

手順③ 250円 ÷ 5 ＝ 50円…①

すぐると花子の両方で計算をして，確かめをしよう！

③ ①当たりを計算する。
　250円 ÷ 5 ＝ 50円…①

手順④ 50円 × 16 － 480円 ＝ 320円
　　　（50円 × 11 － 230円 ＝ 320円）

　　　　　　　　　　　　　320円

④ □円を求める。
　⑪と⑯を計算して，□円を求める。
　すぐる…50円 × 16 － 480円 ＝ 320円
　（花子…50円 × 11 － 230円 ＝ 320円）

やってみよう！

こうすけ君は300円，桜子さんは660円のお金を持っていました。今，お母さんから，こうすけ君も桜子さんも同じ金額をそれぞれもらったところ，こうすけ君の所持金と桜子さんの所持金の比は 7：13 になりました。こうすけ君と桜子さんがお母さんからもらった金額を求めなさい。

[やってみよう！　解答]
こうすけ　300円 ＋ □円 ＝ ⑦
桜子　　　660円 ＋ □円 ＝ ⑬
差　　　　360円　　　　 ＝ ⑥

360円 ÷ 6 ＝ 60円…①
60円 × 7 － 300円 ＝ 120円
（60円 × 13 － 660円 ＝ 120円）

【倍数変化】 たろう君と花子さんの所持金の比は3：2でした。今，お母さんから，たろう君は540円，花子さんは160円をそれぞれもらったところ，たろう君の所持金と花子さんの所持金の比は9：4になりました。初めの2人の所持金をそれぞれ求めなさい。

あれ？　比が2つあるよ……，どういうこと？

そうだね。じゃあ，初めの所持金の比3：2を③円と②円に，お母さんからそれぞれお金をもらった後の所持金の比9：4を⑨円と④円として式を書いてみようか。

たろう　③＋540円＝⑨
花子　　②＋160円＝④

初めの3：2と後の9：4は，元にする量が違うから，〇と口にして区別しようね。

あれ。これも消去算の【片方をそろえて消す】と同じ形だ！

そのとおり。求めたいのは，初めの2人の所持金だから③円と②円を知りたいんだよね。

あ！　そうか！　〇円を知りたいから，口円をそろえて消すんだね！

大正解!! さて，口円をどうやってそろえて消すか覚えているかな？

エッヘン！　覚えているよ！　最小公倍数でそろえるんでしょ。

お！　えらい！　ちゃんと考え方が身についているね。⑨円と④円を，9と4の最小公倍数の㊱円でそろえて解いてみよう。

たろう　③＋540円＝⑨ $\xrightarrow{\times 4}$ ⑫＋2160円＝㊱
花子　　②＋160円＝④ $\xrightarrow{\times 9}$ ⑱＋1440円＝㊱

差⑥＝720円（2160円－1440円）

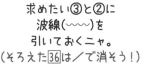
求めたい③と②に波線（〰）を引いておくニャ。（そろえた㊱は／で消そう！）

ふむふむ。⑥円＝720円だから，①円は720円÷6＝120円だね。

そうだね。今求めたいのは，初めの2人の所持金③円と②円だから，
120円×3＝360円……初めのたろう君③円
120円×2＝240円……初めの花子さん②円

やった〜，解けたよ！

初めは③円と②円だったのが，それぞれにお金を加えることで⑨円と④円に変化するから倍数変化算というんだよ。

倍数変化算では線分図を書くのはけっこう大変だよ。式での状況整理がオススメニャ。

【倍数変化】　ゆうた君と花子さんの所持金の比は 5：3 でした。今，お母さんからゆうた君は300円，花子さんは200円をそれぞれもらったところ，ゆうた君の所持金と花子さんの所持金の比は 8：5 になりました。初めの 2 人の所持金をそれぞれ求めなさい。

作業しよう

手順①

ゆうた　⑤ + 300円 = ⑧

花子　③ + 200円 = ⑤

求めたい⑤と③に〜〜を付けておこう！

手順②

ゆうた　⑤ + 300円 = ⑧　×5→　㉕ + 1500円 = ㊵

花子　③ + 200円 = ⑤　×8→　㉔ + 1600円 = ㊵

手順③

ゆうた　⑤ + 300円 = ⑧　×5→　㉕ + 1500円 = ㊵

花子　③ + 200円 = ⑤　×8→　㉔ + 1600円 = ㊵

差① = 100円

手順④　100円 × 5 = 500円
　　　　　100円 × 3 = 300円

初めの所持金にお母さんからもらったお金を加えると 8：5 になっているかニャ？

ゆうた500円，花子300円

① 　2種類の比を○と□を使って式を立てる。

初めの所持金を⑤と③，後の所持金を⑧と⑤として式を書く。

② 　○を求めるために□を最小公倍数にそろえる。

求めたいのは⑤と③なので，□を⑧と⑤の最小公倍数㊵にそろえるためにゆうたの式は×5，花子の式は×8をする。

③ 　そろった□を消す。

そろっている㊵を／で消して㉕と㉔の差が何円か求める。

1600円 − 1500円 = 100円…①

④ 　○を求める。

⑤と③を求めて，確かめをする。

ゆうた　100円×5 = 500円…⑤円

花子　　100円×3 = 300円…③円

確かめ　ゆうた　500円 + 300円 = 800円　⑧

　　　　花子　　300円 + 200円 = 500円　⑤

やってみよう！

だいち君と桃子さんの所持金の比はそれぞれ 5：7 でした。今，お母さんから，だいち君は800円，桃子さんは280円をそれぞれもらったところ，だいち君の所持金と桃子さんの所持金の比は 9：7 になりました。初めの 2 人の所持金をそれぞれ求めなさい。

[やってみよう！　解答]
だいち　⑤ + 800円 = ⑨　×7→　㉟ + 5600円 = ㊿
桃子　⑦ + 280円 = ⑦　×9→　㊿ + 2520円 = ㊿
差㉘ = 3080円

3080円 ÷ 28 = 110円…①
110円 × 5 = 550円…だいち
110円 × 7 = 770円…桃子

入試問題にチャレンジしてみよう!
(右側を隠して解いてみよう)

(1) 水そうAに200g，水そうBに500gの水が入っています。水そうAの水を □イ□ gだけ増やし，水そうBの水を □イ□ gの10倍だけ増やすと，AとBの水の量の比は1：6になります。ただし，2つの □イ□ には同じ数が入ります。

(洛星中学校　2019　前期)

(2) SさんとNさんの初めの所持金は同じで，2人がおこづかいをもらうと，SとNの所持金の比は5：7になりました。SとNがもらったおこづかいの比は3：8でした。

(清風南海中学校　2023　SG・A)

① Sの初めの所持金とSがもらったおこづかいの比をもっとも簡単な整数の比で答えなさい。

② おこづかいをもらった後，SがNに1000円を渡しました。すると，SとNの所持金の比は1：2になりました。Sの初めの所持金はいくらですか。

---

(1) □イ□ には同じ数が入るので，□イ□ ＝①gとして式を立てます。

Bには □イ□ ＝①gの10倍の水を入れるので，Bに入れる水は⑩gになります。

A　200g ＋ ①g ＝ 1 →（×6）→ 1200g ＋ ⑥g ＝ 6
B　500g ＋ ⑩g ＝ 6 →（×1）→ 500g ＋ ⑩g ＝ 6
　　　　　　　　　　　差　700g ＝ ④g

700 ÷ 4 ＝ 175(g)…①　(イ)

答え：　175

(2) ① SさんとNさんの初めの所持金を（ ）円として，式を立てます（割合，比には○や□を付けます）。

S（ ）円 ＋ ③ ＝ 5
N（ ）円 ＋ ⑧ ＝ 7
差　　　　⑤ ＝ 2

⑤＝2なので，最小公倍数の△10でそろえて式を書き直します。

（③→△6，⑧→△16，5→△25，7→△35）

S（ ）円 ＋ △6 ＝ △25
N（ ）円 ＋ △16 ＝ △35

初めは △25 － △6 ＝ △19（△35 － △16 ＝ △19）とわかります。

つまり，△19 と △6 なので，19：6。
　　　Sの初めの　Sのおこづかい
　　　所持金

答え：　19：6

②

S △25 円 － 1000円 ＝ ① →（×2）→ △50 － 2000円 ＝ ②
N △35 円 ＋ 1000円 ＝ ② →（×1）→ △35 ＋ 1000円 ＝ ②
　　　　　　　　　　　　差　　△15 ＝ 3000円
　　　　　　　　　　　　　　　△1 ＝ 200円

200 × 19 ＝ 3800(円)…Sの初めの所持金 △19

答え：　3800円

07 相当算 ～基準は何？～

この単元のポイント

【最初の何分のいくつ】
線分図は1段。
【残りの何分のいくつ】
線分図は2段，3段…となる。
【線分図を使わない相当算】
筆算の形式で状況整理。

相当算の線分図はこれだ！

〈最初の何分のいくつ〉　〈残りの何分のいくつ〉

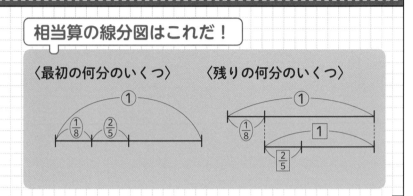

HOP

【最初の何分のいくつ】　文具店で所持金の$\frac{1}{8}$の金額のボールペンを，本屋で最初の所持金の$\frac{2}{5}$の金額の本を購入すると，残りの所持金は1900円になりました。最初の所持金を求めなさい。

　線分図の書き方って覚えている？

覚えているよ〜。和差算（10ページ）のときに使ったよね？

線分図書いてみるよ……。あれ？　$\frac{1}{8}$？　この線分図はどう書くの？

　じゃ，まずはちょっと長い横線を書いてみよう。最初の所持金を①と置くと，ボールペンの金額は$\frac{1}{8}$と表せるね。長い横線全体の左端から$\frac{1}{8}$を取ろうか。

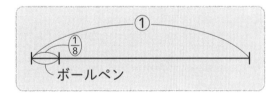

　横線全体をだいたい8等分したら，左から1個分の所に$\frac{1}{8}$を取ろう！

なるほど。1本の長い線の中に$\frac{1}{8}$とかの割合を書き込んでいくんだね。

本は最初の所持金の$\frac{2}{5}$の金額だから，これも書き込むんだね。

　そう。本も最初の所持金の$\frac{2}{5}$だから$\frac{2}{5}$と表せるね。さっきの$\frac{1}{8}$の隣に書くよ。

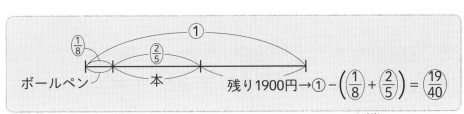

ふむふむ。で，残った右側の部分が1900円なんだね。
この1900円って〇いくつかわかるの？

最初の所持金全体①から$\frac{1}{8}$と$\frac{2}{5}$を引いた残りが1900円だから，

①$-\left(\frac{1}{8}+\frac{2}{5}\right)=\frac{19}{40}$が1900円とわかるよね。

ふむふむ。なるほど。じゃあ，最初の所持金の①は？

$\frac{19}{40}$は，①の$\frac{19}{40}$だよね？　つまり，最初の所持金×$\frac{19}{40}$＝1900円だよね。

最初の所持金は，1900円÷$\frac{19}{40}$＝<u>4000円</u>です。

お〜。わかった！

よし！　じゃあ，別解の話もするね。最小公倍数って覚えているかな？

今回は，最初の所持金の$\frac{1}{8}$と$\frac{2}{5}$の金額を使うんだから，最初の所持金を

分母の 8 と 5 の最小公倍数の㊵と置く方法もあるんだよ。

最初の所持金を㊵とすると，ボールペンは㊵×$\frac{1}{8}$＝⑤，本は㊵×$\frac{2}{5}$＝⑯になるよね。

つまり，㊵－（⑤＋⑯）＝⑲だから，残りの1900円は⑲とわかるよ。

お〜!!　やっぱり最小公倍数を使うと，整数でスッキリいけるね〜。

最初の所持金を最小公倍数の㊵として線分図を書くと下の図みたいになるよ。
⑲が1900円だから，①は100円。つまり，最初の所持金㊵は<u>4000円</u>だね。

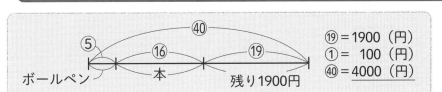

⑲ ＝ 1900 （円）
① ＝ 　100 （円）
㊵ ＝ 4000 （円）

線分図の上側に割合（〇），下側に実数値（円）を書こう！

最小公倍数だと，線分図もスッキリ〜。

【最初の何分のいくつ】 文具店で所持金の$\frac{1}{4}$の金額のボールペンを，本屋で最初の所持金の$\frac{3}{5}$の金額の本を購入すると，残りの所持金は360円になりました。最初の所持金を求めなさい。

作業しよう

手順①

いろいろ書き込むので，少し長めに横線を引こう。

最初の所持金を①としてもできるけど，わかりやすく最小公倍数を使うね！

① 最初の所持金を最小公倍数にして線分図を書く。

最初の所持金を，分母4と5の最小公倍数⑳として，長い横線に書き込む。

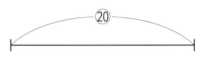

手順②

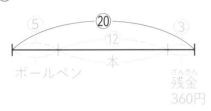

$⑳×\frac{1}{4}=⑤$…ボールペン

$⑳×\frac{3}{5}=⑫$…本

$⑳-(⑤+⑫)=③$

② ボールペンと本の金額を線分図に書く。

ボールペンと本の金額を求めて，線分図に書き込み，残金が○いくつになるかを考える。

ボールペン…$⑳×\frac{1}{4}=⑤$

本…………$⑳×\frac{3}{5}=⑫$

残金………$⑳-(⑤+⑫)=③$

手順③ $360÷3×20=2400$（円）

2400円

③ ①当たりの金額を求める。

①当たりの金額を求め，最初の所持金⑳を求める。

$③=360$（円）

$360÷3=120$（円）…①

$120×20=\underline{2400}$（円）…⑳

やってみよう！

文具店で所持金の$\frac{3}{8}$の金額のボールペンを，コンビニで最初の所持金の$\frac{1}{5}$の金額のノートを購入すると，残りの所持金は510円になりました。最初の所持金を求めなさい。

[やってみよう！ 解答]

$㊵×\frac{3}{8}=⑮$…ボールペン

$㊵×\frac{1}{5}=⑧$…ノート

$㊵-(⑮+⑧)=⑰$…残金510円

$510÷17×40=\underline{1200}$（円）。

【残りの何分のいくつ】　文具店で所持金の $\frac{1}{8}$ の金額のボールペンを，本屋で残りの所持金の $\frac{2}{5}$ の金額の本を購入すると，残りの所持金は3150円になりました。最初の所持金を求めなさい。

じゃあ，次の問題にトライしてみようか。

オッケー！　あれ？　この問題ってさっきの問題と同じじゃないの？

ふふ。同じに見えるよね。でも実は重要な部分が違うの。本の金額が，最初の所持金の $\frac{2}{5}$ ではなく残りの所持金の $\frac{2}{5}$ なの。

あ，本当だ！　えっと……，残りの $\frac{2}{5}$ だと何か変わるの？

「何が変わるか？」は線分図を書くとわかるよ。まずは，最初の所持金をさっき使った最小公倍数の㊵（分母8と分母5の最小公倍数）としてみようか。

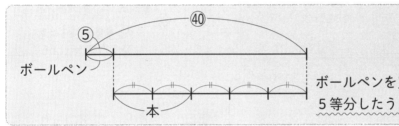

ボールペンを買った残金を
5等分したうちの2つ分が本の値段

ボールペンは最初の所持金の $\frac{1}{8}$ だから，㊵ $\times \frac{1}{8} =$ ⑤だね。これはさっきと同じだ。本は，

ボールペンを買った後の残りの所持金の $\frac{2}{5}$ だよね？　あれ？　線分図が2段になっているね！

そう!!　最初の所持金の $\frac{2}{5}$ ではなく，残りの所持金の $\frac{2}{5}$ だから基準（元にする量）が変わっていることを図で表したの。ボールペンを買った後の残りの所持金は，㊵－⑤＝㉟。
㉟の $\frac{2}{5}$ は，㉟ $\times \frac{2}{5} =$ ⑭だね。

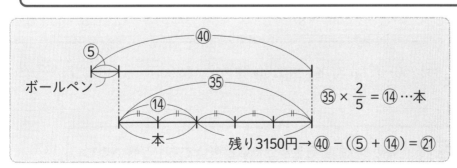

$㉟ \times \frac{2}{5} = ⑭ \cdots$ 本

残り3150円→㊵－（⑤＋⑭）＝㉑

なるほど。ということは，ボールペンと本を買った後の残りの所持金は，
㊵－（⑤＋⑭）＝㉑だ！　㉑が3150円なんだね！

そのとおり。 ①当たりは 3150円÷21＝150円…①だから，

最初の所持金は 150円×40＝<u>6000円</u>…㊵です。

最小公倍数を使うとスッキリするね。最初の所持金を①と置いてもできるの？

できるよ。最初の所持金を①とすると，ボールペンは$\frac{1}{8}$。残りの所持金を

2段目の線分図に表すんだけど，その際（さい）に残りの所持金を□1としよう。

え？　①じゃなくて□1？　そっか！　最初の所持金とボールペンを買った後の残りの
所持金は同じ①とは表せないね。基準（元にする量）が違うんだよね？

そのとおり。だから，本の金額は$\boxed{\frac{2}{5}}$となり，ボールペンと本を買った後の残りの所持金は$\boxed{\frac{3}{5}}$

なんだ。線分図にしてみるね。

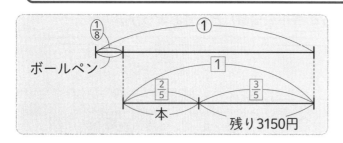

ボールペン

本　　残り3150円

「初めの$\frac{1}{8}$」と「残りの$\frac{2}{5}$」
では基準が違うので，
○と□で区別しよう！

ふむふむ。あ，$\boxed{\frac{3}{5}}$が3150円だから□1が求められるよ！

$\boxed{1}×\frac{3}{5}＝3150円$　　　　$\boxed{1}$は，$3150円÷\frac{3}{5}＝5250円$だよね？

じゃあ，①はいくらになるかわかるかな？

□1はわかったけど……。

もう1回線分図をよく見てみようか。□1は○だといくつになるかを考えてみよう。□1は最初
の所持金①からボールペンの金額$\left(\frac{1}{8}\right)$を引いた残りなので，$①-\left(\frac{1}{8}\right)=\left(\frac{7}{8}\right)$になるでしょ？

つまり，$\boxed{1}=\left(\frac{7}{8}\right)=5250円$だね。$①×\frac{7}{8}＝5250円$だから，$5250円÷\frac{7}{8}＝\underline{6000円}$が①だ！！

大正解!! 最初の所持金を最小公倍数と置いても①と置いても

解（と）けるのがベストだね。

56

【残りの何分のいくつ】　文具店で所持金の $\frac{1}{7}$ の金額のボールペンを，本屋で残りの所持金の $\frac{3}{5}$ の金額の辞書を購入すると，残りの所持金は1560円になりました。最初の所持金を求めなさい。

作業しよう

最初の所持金を①としてもできるけど，わかりやすく最小公倍数を使うね！

手順①

手順②

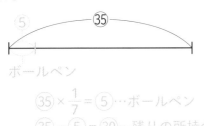

手順③

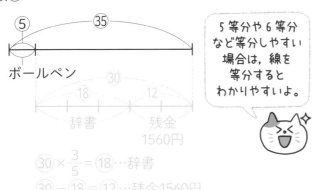

5等分や6等分など等分しやすい場合は，線を等分するとわかりやすいよ。

手順④　1560 ÷ 12 × 35 ＝ 4550（円）

4550円

07

相当算

① 最初の所持金を最小公倍数にして線分図を書く。

最初の所持金を分母7と5の最小公倍数㉟として，長い横線に書き込む。

② ボールペンの金額と残りの所持金を求める。

ボールペンの金額を求め，線分図に書き込み，残りの所持金が○いくつかを求める。

㉟ × $\frac{1}{7}$ ＝⑤…ボールペン

㉟ － ⑤ ＝㉚…残りの所持金

③ 2段目の線分図を書く。

辞書は残りの所持金㉚の $\frac{3}{5}$ に当たるため，

2段目の線分図（㉚）を書いて5等分する。辞書と残金が○いくつになるかを求める。

㉚ × $\frac{3}{5}$ ＝⑱…辞書

㉚ － ⑱ ＝⑫…残金1560円

④ ①当たりの金額を求める。

①当たりの金額を求め，最初の所持金㉟を求める。

1560 ÷ 12 ＝ 130（円）…⑤

130 × 35 ＝ 4550（円）…㉟

やってみよう！

果物屋で所持金の $\frac{1}{5}$ の金額のブドウを，八百屋で残りの所持金の $\frac{3}{8}$ の金額のマツタケを購入すると，残りの所持金は3200円になりました。最初の所持金を求めなさい。

［やってみよう！　解答］

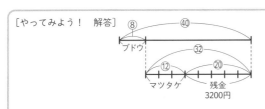

㊵ × $\frac{1}{5}$ ＝⑧…ブドウ

（㊵ － ⑧）× $\frac{3}{8}$ ＝⑫…マツタケ

㉜ － ⑫ ＝⑳…残金3200円

3200 ÷ 20 × 40 ＝ 6400（円）

【線分図を使わない相当算】 ある中学校で，男子は全校生徒数の $\frac{5}{9}$ より20人多く，女子は全校生徒数の $\frac{1}{2}$ より50人少ないとき，全校生徒数を求めなさい。

 さて，この問題はどう？

まずは線分図を書いてみようかな。$\frac{5}{9}$ も $\frac{1}{2}$ も基準は全校生徒数だね。全校生徒数を

①にしてみるね。男子は $\left(\frac{5}{9}\right)$ より20人多く，女子は $\left(\frac{1}{2}\right)$ より50人少ない……。

先生，これはどう線分図を書くの？

 ややこしいから線分図の書き方に悩むよね。中学校には男子と女子がいるよね。まずは，全校生徒全体の①の線分図を男子と女子に分けてみよう。

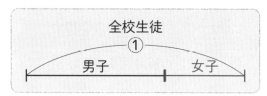

ふむふむ。

 男子は $\left(\frac{5}{9}\right)$ ＋20人だから線分図に書き込んでみよう。

女子は $\left(\frac{1}{2}\right)$ ー50人だから……，

なんか重なっている部分があって書きにくいね。先生，書いてください！

 じゃあ，少し見やすく書いてみるね。$\left(\frac{5}{9}\right)$ と $\left(\frac{1}{2}\right)$ の重なっている部分は，$\left(\frac{5}{9}\right)+\left(\frac{1}{2}\right)-①=\left(\frac{1}{18}\right)$

で，50人ー20人＝30人だよね。つまり，①は，30人÷ $\frac{1}{18}$ ＝540人になります。

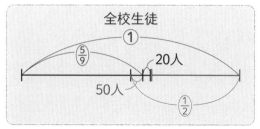

この場合は線の上側に男子の「$\left(\frac{5}{9}\right)$＋20人」，線の下側に女子の「$\left(\frac{1}{2}\right)$ー50人」を書くと少し見やすいよ！

お〜，なるほど。でもさ，そもそもこの線分図を見やすく書くのが大変じゃないかな？ほかに方法はないの？

58

そうだね。実はね，この問題は線分図を書かないで式で状況整理をしたほうが楽なんだ。まずは，全校生徒数を①と置くと，男子は$\frac{5}{9}$＋20人，女子は$\frac{1}{2}$－50人と表せるのはわかるよね。

もちろんわかるよ〜。

男子の人数と女子の人数を足したら全校生徒数①だよね。
それを，足し算の筆算みたいに表すと図のようになるよね。

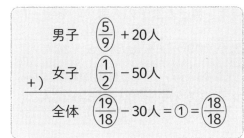

「＋20人」と「－50人」を足すと
「－30人」になるよ。
例 20円もらってから，50円使ったら，
初めより30円減るよね？

なるほど!! これ，メチャメチャやりやすいね。$\frac{19}{18}$－30人＝①＝$\frac{18}{18}$だから，

$\frac{19}{18}$－$\frac{18}{18}$＝$\frac{1}{18}$が30人だ。つまり，①は，30人÷$\frac{1}{18}$＝540人だね。

そのとおり。全校生徒数を$\frac{5}{9}$と$\frac{1}{2}$の分母9と分母2の最小公倍数

⑱と置くとさらにわかりやすいよ。全校生徒数を⑱とすると，

男子は⑱×$\frac{5}{9}$＋20人＝⑩＋20人，女子は⑱×$\frac{1}{2}$－50人＝⑨－50人だね。

ふむふむ。わかる！

これを，さっきと同じように足し算の筆算形式で書いてみるとこうなるよ。

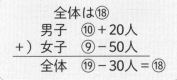

⑲－30人＝⑱だから，①＝30人だ！ 全校生徒数は⑱だから，30人×18＝540人だ。
最小公倍数を使うとやっぱりスッキリする!! これで演習してみたいな！

【線分図を使わない相当算】　ある中学校で，男子は全校生徒数の $\frac{3}{5}$ より10人多く，女子は全校生徒数の $\frac{1}{2}$ より70人少ないとき，全校生徒数を求めなさい。

全校生徒数を①としてもできるけど，わかりやすく最小公倍数を使うね！

作業しよう

手順①　全体⑩

$⑩ \times \dfrac{3}{5} + 10人 = ⑥ + 10人 \cdots$ 男子

$⑩ \times \dfrac{1}{2} - 70人 = ⑤ - 70人 \cdots$ 女子

手順②

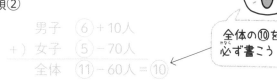

全体の⑩を必ず書こう！

$$
\begin{array}{rl}
男子 & ⑥ + 10人 \\
+\,) \ 女子 & ⑤ - 70人 \\
\hline
全体 & ⑪ - 60人 = ⑩
\end{array}
$$

手順③　⑪ － 60人 ＝ ⑩

⑪ － ⑩ ＝ ① … 60人

60人 × 10 ＝ 600人

600人

① 全校生徒数，男子，女子を○で表す。

　全校生徒数を，分母5と2の最小公倍数⑩と置き，男子と女子の人数を○を使った式で表す。

男子　$⑩ \times \dfrac{3}{5} + 10人 = ⑥ + 10人$

女子　$⑩ \times \dfrac{1}{2} - 70人 = ⑤ - 70人$

② 男子＋女子＝全校生徒の足し算を筆算の形式で表す。

$$
\begin{array}{rl}
男子 & ⑥ + 10人 \\
+\,) \ 女子 & ⑤ - 70人 \\
\hline
全体 & ⑪ - 60人 = ⑩
\end{array}
$$

③ 60人が○いくつかを求め，全校生徒数⑩を求める。

⑪ － ⑩ ＝ ① … 60人

60人 × 10 ＝ <u>600人</u>。

やってみよう！

ある中学校で，男子は全校生徒数の $\frac{4}{7}$ より50人少なく，女子は全校生徒数の $\frac{4}{9}$ より40人多いとき，全校生徒数を求めなさい。

［やってみよう！　解答］全体＝㊿㊼

$㊿㊼ \times \dfrac{4}{7} - 50人 = ㊱ - 50人 \cdots$ 男子

$㊿㊼ \times \dfrac{4}{9} + 40人 = ㉘ + 40人 \cdots$ 女子

$$
\begin{array}{rl}
男子 & ㊱ - 50人 \\
+\,) \ 女子 & ㉘ + 40人 \\
\hline
全体 & ㉞ - 10人 = ㊿㊼
\end{array}
$$

10人 … ①

10人 × 63 ＝ <u>630人</u>。

入試問題にチャレンジしてみよう!
（右側を隠して解いてみよう）

---

(1) A，B，C，Dの4つの箱に，順にアメを入れていきます。まず箱Aに全体の $\frac{1}{6}$ と2個のアメを入れ，次に箱Bに残りのアメの $\frac{2}{7}$ と3個を入れます。その後，箱Cに残りのアメの $\frac{1}{3}$ と4個を入れ，最後に，箱Dに残りのアメの $\frac{3}{8}$ と2個を入れたところ，アメが13個残りました。アメは全部で何個ありましたか。

（神戸女学院中等部　2023）

(2) ある中高一貫校があります。中学生の生徒数は，中高全体の生徒数の $\frac{1}{2}$ より51人多く，高校の生徒数は，中高全体の生徒数の $\frac{5}{9}$ より132人少ないそうです。中高全体の生徒数を求めなさい。

（東京女学館中学校　2022　第1回）

---

(1) アメ全体を①，Aに入れた残りを①，Bに入れた残りを△，Cに入れた残りを◇として線分図を書きます。

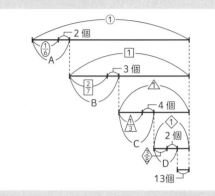

最後からさかのぼって計算していきます。

13個＋2個＝15個…$\left\langle\!\frac{5}{8}\!\right\rangle$ $\left(\left\langle 1\right\rangle-\left\langle\!\frac{3}{8}\!\right\rangle\right)$

15÷$\frac{5}{8}$＝24（個）…$\left\langle 1\right\rangle$

24個＋4個＝28個…$\frac{2}{3}$ $\left(\triangle-\frac{1}{3}\right)$

28÷$\frac{2}{3}$＝42（個）…△

42個＋3個＝45個…$\frac{5}{7}$ $\left(1-\frac{2}{7}\right)$

45÷$\frac{5}{7}$＝63（個）…1

63個＋2個＝65個…$\frac{5}{6}$ $\left(①-\frac{1}{6}\right)$

65÷$\frac{5}{6}$＝78（個）…①

答え：　78個

(2) 中高全体の生徒数を2と9の最小公倍数⑱として式を立てます。

中学生は，⑱×$\frac{1}{2}$＋51人＝⑨＋51人

高校生は，⑱×$\frac{5}{9}$－132人＝⑩－132人

中学生	⑨＋　51人
＋）高校生	⑩－132人
中高全体	⑲－　81人＝⑱
	①

81×18＝1458（人）…⑱

答え：　1458人

08 やりとり算 〜流れをつかもう〜

この単元のポイント

【2人のやりとり】
2人の流れ図を書いて逆算していく。

【3人のやりとり】
3人の流れ図を書いて逆算していく。

合計が変わらないことに注目！

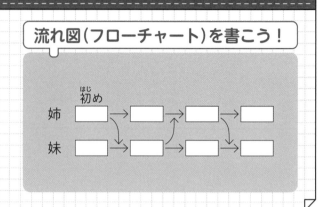

流れ図（フローチャート）を書こう！

HOP

【2人のやりとり】 姉と妹がそれぞれお金を持っていました。まず，姉が妹に200円渡しました。次に，妹が姉に300円渡しました。最後に姉が妹に500円渡したところ，姉の所持金は1100円，妹の所持金は1400円になりました。初めの2人の所持金をそれぞれ求めなさい。

 さぁ，今日は『やりとり算』に挑戦してみようか！

ふ〜ん。2人でお金のやりとりをしているんだね。これって線分図を書くの？

 そうだね。線分図でも解くことはできるけどちょっと大変じゃないかな？

確かに。何回もお金のやりとりをしているよね……。これを線分図にするのは難しそう。

 そう！ 何回もやりとりをしているよね！ こんなふうに何回もやりとりをする場合はやりとりの流れを流れ図にするとわかりやすいんだよ！

流れ図？ 初耳だ〜！ どんな図なの？

 流れ図はちょっと表っぽい図なんだ。下の図が流れ図だよ。

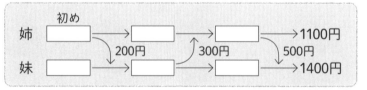

 流れ図は，縦にも書けるけど，横に書いたほうが見やすいよ。

ふむふむ。確かに，『どうやりとりをしたか』，やりとりの流れが一目瞭然だね!!

 気に入ってくれてよかった。さて……，この流れ図を見て気づくことはない？

え……，気づくことは……，□が多いってこと？

確かに□は多いよね。でも，ポイントは**合計金額**なんだ。

合計金額？　最後を見ると，姉妹の合計金額は 1100円＋1400円＝2500円だよね。

そのとおり。じゃあ，最後のやりとりの前，つまり姉が妹に500円渡す前の姉妹の合計金額はいくらでしょう？

えっと，姉は妹に500円渡して1100円になったから，姉は 1100円＋500円＝1600円持っていたはず。妹は500円もらったら1400円になったから，1400円－500円＝900円だ。

そのとおり。じゃあ，最後のやりとりの前の姉妹の合計金額は？

それは，1600円＋900円＝2500円だよ。

あ！ 合計金額は最後と同じ2500円だ！！

そのとおり!! 姉妹2人の間でしかお金のやりとりをしていない
ので2人の合計金額は変わらないんだよね！

なるほどね～。だから先生は『合計金額がポイント』って言ったんだね。
で，これを流れ図でどう利用するの？

さっきの流れ図に合計金額の欄を追加してみようか。さっきの□だらけの状況よりは実際の金額が入ったことで少し見やすくなったと思わない？

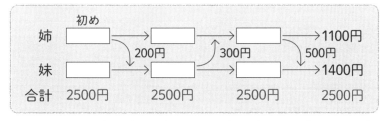

わかる実数値(円)を書き込むことで，より具体的になるよね。

ふむふむ。確かに。でも，すぐには初めの2人の所持金は求められないね。

そうだね。初めの2人の所持金を求めるためには，**最後から順に流れをさかのぼって逆算**していこうか。

よし！　さかのぼって逆算していこう！　さっき，最後のやりとりの前は，姉は1600円・妹は900円とわかったから，流れ図に書き込んでしまうよ！

08
やりとり算

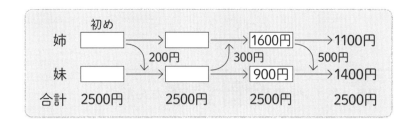
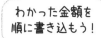

だいぶ見やすい図になってきたよね。じゃあ，さらに1つ前の所持金を出そうか。姉は妹から300円もらって1600円になったから，姉は1600円−300円＝1300円持っていたはず。

妹もわかるね。妹は姉に300円渡したら900円になったから，900円＋300円＝1200円だ。

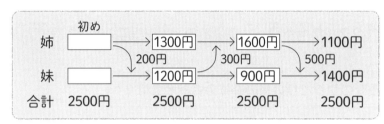

そのときの合計金額は，1300円＋1200円＝2500円だね。合計金額が変わらず2500円であることは確認しようね！

なるほど〜。合計金額が変わらないから確かめができるんだね！

そのとおりだね。じゃあ，いよいよ初めの2人の所持金を求められるよ。

姉は妹に200円渡して1300円になったから，初めの姉は 1300円＋200円＝1500円。
妹は200円もらったら1200円になったから，初めの妹は 1200円−200円＝1000円だ。

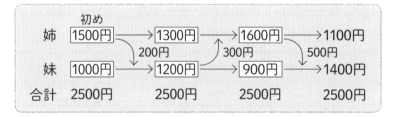

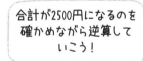

大正解!! これで流れ図が完成したよ。

スッキリ〜。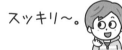

やりとり算の攻略ポイントは，『やりとりの流れを流れ図に表してから，合計金額が変わらないことを確認しながらさかのぼって逆算していくこと』だよ！

「何回やりとりがあるのか」を確認して，まずは［基本の流れ図］の枠を書いてから，スタートしよう！

【2人のやりとり】 兄と弟がそれぞれお金を持っていました。まず，兄が弟に500円渡しました。次に，弟が兄に400円渡しました。最後に兄が弟に300円渡したところ，兄の所持金は2400円，弟の所持金は1800円になりました。初めの2人の所持金をそれぞれ求めなさい。

 作業しよう

 やりとりした金額も
しっかりと
書き込もうね！

手順①

手順②

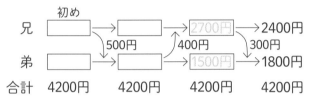

手順③

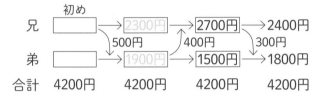

合計が4200円になっているかな。

手順④

兄 2800円，弟 1400円

① □ を使って流れ図を書く。

わからない金額を □ として流れ図を書き，変わらない合計金額も記入しておく。

合計は，2400円＋1800円＝4200円。

② 最後の金額から逆算をする。

兄 2400円＋300円＝2700円

弟 1800円－300円＝1500円

（合計が4200円になっていることを確かめる）

③ 合計金額が変わらないことを確認しながら，さらに逆算する。

兄 2700円－400円＝2300円

弟 1500円＋400円＝1900円

（合計が4200円になっていることを確かめる）

④ 初めの2人の所持金を求める。

さらに逆算して，初めの2人の所持金を求める。

兄 2300円＋500円＝2800円

弟 1900円－500円＝1400円

（合計が4200円になっていることを確かめる）

08

やりとり算

やってみよう！

姉と妹がそれぞれお金を持っていました。まず，姉が妹に1250円渡しました。次に，妹が姉に750円渡しました。最後に姉が妹に800円渡したところ，姉の所持金は3600円，妹の所持金は2400円になりました。初めの2人の所持金をそれぞれ求めなさい。

[やってみよう！ 解答]

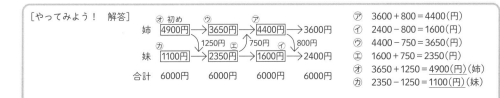

㋐ 3600＋800＝4400（円）
㋑ 2400－800＝1600（円）
㋒ 4400－750＝3650（円）
㋓ 1600＋750＝2350（円）
㋔ 3650＋1250＝4900（円）（姉）
㋕ 2350－1250＝1100（円）（妹）

【3人のやりとり】 太郎君，次郎君，三郎君の3人がそれぞれお金を持っていました。まず，太郎君が次郎君に600円渡しました。次に次郎君が三郎君に500円渡しました。さらに三郎君が太郎君に300円渡したところ，3人とも所持金が1200円になりました。初めの3人の所持金をそれぞれ求めなさい。

さて，次は3人のやりとり算をやってみよう。

よし！

流れ図を書いてみよう。うわ……□が多そうだね。

じゃあ，この3人の流れ図をもう少し見やすくする工夫を伝授するね。太郎君が次郎君に600円を渡すとき，三郎君は誰ともやりとりをしていないから所持金は変わらないはずだよね？

確かに！

ということは三郎君の初めの□と左から2番目の□は同じ金額だね。

そのとおり！ やりとりをしている2人以外の1人は金額が変わらないから，そこを＝で表して流れ図を書いてみようか。今回も3人の間でしかやりとりをしていないから合計金額は変わらないよね！

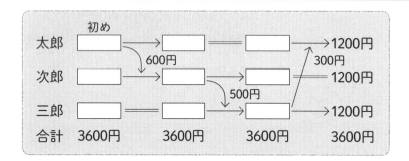

お～！

□はたくさんあるけど見やすいよ。じゃあ，最後からさかのぼって逆算だね。

まずは，最後の三郎君と太郎君のやりとりの前は，太郎君は1200円－300円＝900円。次郎君は1200円。三郎君は1200円＋300円＝1500円。

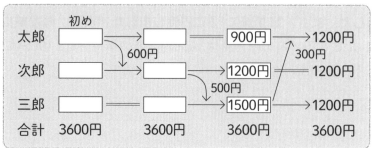

3人の合計が3600円になっていることを必ず確かめながら，計算していこう！

さらにさかのぼると，太郎君は900円。次郎君は 1200円＋500円＝1700円。
三郎君は 1500円－500円＝1000円。

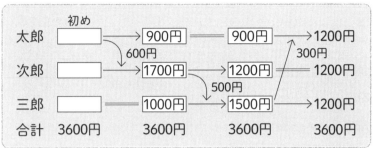

もう初めの所持金を出せるよ！　太郎君は 900円＋600円＝1500円。

次郎君は 1700円－600円＝1100円。
三郎君は1000円だ！

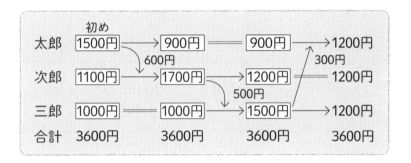

大正解!!　3人の合計金額も変わらず3600円になっているから
間違（まちが）いないよね！

よし！　もう3人のやりとり算も解けるよ！

STEP

【3人のやりとり算】　ゆうすけ君，せいや君，てるあき君の3人が，それぞれお金を持っていました。まず，ゆうすけ君がせいや君に360円渡しました。次にせいや君がてるあき君に420円渡しました。さらにてるあき君がゆうすけ君に580円渡したところ，3人とも所持金が1000円になりました。初めの3人の所持金をそれぞれ求めなさい。

作業しよう

やりとりをしている2人以外（いがい）の1人は金額が変わらないから＝を書けるね。

手順①

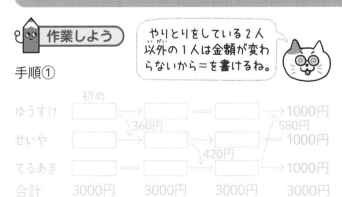

① □を使って流れ図を書く。

わからない金額を□として流れ図を書き，＝と合計金額も記入しておく。

合計は，1000円×3人＝3000円。

手順②

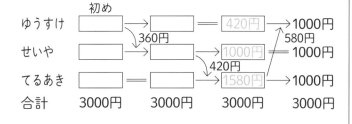

	初め			
ゆうすけ	□	→ □	═ 420円	→ 1000円
せいや	□	→ □	→ 1000円	→ 1000円
てるあき	□	═ □	→ 1580円	→ 1000円
合計	3000円	3000円	3000円	3000円

（360円、580円、420円の矢印あり）

手順③

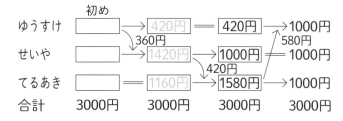

	初め			
ゆうすけ	□	→ 420円	═ 420円	→ 1000円
せいや	□	→ 1420円	→ 1000円	→ 1000円
てるあき	□	═ 1160円	→ 1580円	→ 1000円
合計	3000円	3000円	3000円	3000円

（360円、580円、420円の矢印あり）

手順④

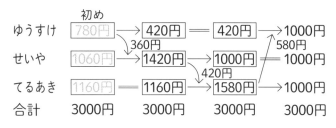

	初め			
ゆうすけ	780円	→ 420円	═ 420円	→ 1000円
せいや	1060円	→ 1420円	→ 1000円	→ 1000円
てるあき	1160円	═ 1160円	→ 1580円	→ 1000円
合計	3000円	3000円	3000円	3000円

ゆうすけ 780円，せいや 1060円，てるあき 1160円

② 最後の金額から，逆算する。

ゆうすけ　1000 − 580 = 420（円）

せいや　　1000（円）（変わらない）

てるあき　1000 + 580 = 1580（円）

3人の合計が3000円に
なっていることを確かめ
ながら逆算していこう。

③ さらに逆算をする。

ゆうすけ　420（円）（変わらない）

せいや　　1000 + 420 = 1420（円）

てるあき　1580 − 420 = 1160（円）

④ 初めの3人の所持金を求める。

さらに逆算をして，初めの3人の所持金を求める。

ゆうすけ　420 + 360 = 780（円）

せいや　　1420 − 360 = 1060（円）

てるあき　1160（円）（変わらない）

やってみよう！

こうじ君，せいや君，りゅう君の3人がそれぞれお金を持っていました。まず，こうじ君がせいや君に450円渡しました。次にせいや君がりゅう君に360円渡しました。さらにりゅう君がこうじ君に600円渡したところ，3人とも所持金が1500円になりました。初めの3人の所持金をそれぞれ求めなさい。

［やってみよう！　解答］

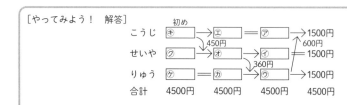

	初め			
こうじ	キ	→ エ	═ ア	→ 1500円
せいや	ク	→ オ	→ イ	→ 1500円
りゅう	ケ	═ カ	→ ウ	→ 1500円
合計	4500円	4500円	4500円	4500円

⑦　1500 − 600 = 900（円）

④　1500（円）

⑦　1500 + 600 = 2100（円）

㋓ = ⑦ = 900（円）

㋔　1500 + 360 = 1860（円）

㋕　2100 − 360 = 1740（円）

㋖　900 + 450 = 1350（円）（こうじ）

㋗　1860 − 450 = 1410（円）（せいや）

㋘ = ㋕ = 1740（円）（りゅう）

(1) A，B，Cの3人が，それぞれお金を持っていました。AがBに500円を渡し，BがCに300円を渡し，CがAに450円を渡したので，3人の持っている金額が同じになりました。初めにAが900円持っていたとすると，Cは初めにいくら持っていましたか。

(洗足学園中学校　2022　第1回)

(2) A，B，C，の3人がおはじきをそれぞれ何個かずつ持っています。まずAが持っているおはじきの $\frac{1}{3}$ をBに渡しました。その後，Bが持っているおはじきの $\frac{1}{4}$ をCに渡したところ，3人が持っているおはじきは同じ数になりました。3人が初めに持っていたおはじきの数の比を，もっとも簡単な整数の比で表しなさい。

(日本女子大学附属中学校　2022　第1回)

---

(1) 流れ図を書きます。

Aは，900円 $-$ 500円 $+$ 450円 $=$ 850円になる
とわかります。
　　　　　Bへ　　Cから

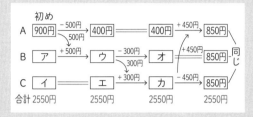

さかのぼって計算していきます。

オ→850円

カ→2550円 $-$ (400円 $+$ 850円) $=$ 1300円

ウ→850円 $+$ 300円 $=$ 1150円
　　オ

エ→1300円 $-$ 300円 $=$ 1000円
　　カ

ア→1150円 $-$ 500円 $=$ 650円
　　ウ

イ→1000円(エと同じ)…Cの初めの所持金

答え：　1000円

(2) 流れ図を書きます。

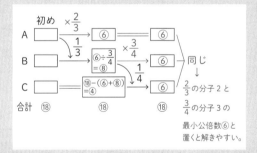

さかのぼって計算していきます。

流れ図の中央列のBは，⑥ $\div \frac{3}{4} =$ ⑧

流れ図の中央列のCは，⑱ $-$ (⑥ $+$ ⑧) $=$ ④
　　　　　　　　　　　　　　A　B

初めのAは，⑥ $\div \frac{2}{3} =$ ⑨

初めのCは，④

初めのBは，⑱ $-$ (⑨ $+$ ④) $=$ ⑤
　　　　　　　　　　A　C

つまり，初めの3人のおはじきの数の比は
A：B：C $=$ 9：5：4。

答え：A：B：C $=$ 9：5：4

この単元のポイント

【年齢の差】
年齢の差は変わらない。

【年齢の和】
□年後には，全員□歳ずつ年を取る。

式の形に整理しよう！

たろう　11歳 + □歳 = ①

母　　　39歳 + □歳 = ③

HOP

【年齢の差】　現在，たろう君は11歳，お母さんは39歳です。お母さんの年齢がたろう君の年齢の3倍になるのは今から何年後か求めなさい。

 さぁ，今日は年齢算に挑戦してみよう！

あれ？　3倍って書いてあるよ。倍数算みたいだね！

 お！　よく気づいたね。じゃあ，倍数算と同じように3倍という大きさを目で見てわかるように線分図にしてみようか。

線分図は，線の長さで大小関係を表すんだよね。もう完璧だよ！

 よかった。じゃあ，さっそく，線分図を書いてみようか。まずはたろう君の年齢11歳とお母さんの年齢39歳を線で表してみよう。

オッケー！　あれ？　ところで何を求めるんだっけ？

 （笑）お母さんの年齢がたろう君の年齢の3倍になるのはいつか，を求めよう。ところで，年齢算の最大のポイントって何だと思う？

え……。そんなことわからないよ〜。

 じゃあ，今，君は11歳，先生は39歳です。来年は2人は何歳になる？

簡単！　来年は，2人とも1歳ずつ年を取るから私は12歳で先生は40歳だよ〜。

 そのとおり!!　2人とも毎年平等に1歳ずつ年を取るのが年齢算の最大のポイントなんだよ！

ふ〜ん。でも，それって当たり前じゃん？

そうだね（笑）。じゃ線分図に話を戻そうか。問題の何年後を□にして線分図に書き加えてみよう。□年後には2人とも□歳ずつ年を取るから□歳を線の左側に書き加えよう。

左側？　同じ金額をもらう倍数算と書き方が同じだね。

あ！　そうか！　2人とも□歳ずつ年をとるから『初めと差が変わらない差一定』だ!!

そのとおり!!　□歳年を取ると，お母さんの年齢はたろう君の年齢の3倍になるから，たろう君の年齢を①歳とするとお母さんの年齢は③歳と表せるね。

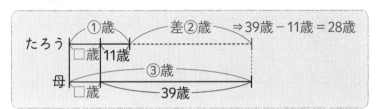

倍数算の47ページを見て思い出してみよう！

ふむふむ。線分図に表しても2人の年齢差は変わらない差一定だね。

そうだね。③歳と①歳の差の②歳は，初めの2人の年齢差の39歳－11歳＝28歳だよね。①歳は，28歳÷2＝14歳だから，□歳は14歳－11歳＝3歳で，3年後とわかるんだ。

お〜！　本当に倍数算の差一定と同じだね！　ということは……，倍数算みたいに式の形に状況整理するともっとやりやすいのかな？

そのとおり！　式の形の状況整理は年齢算でも便利なの！
問題の何年後を1年（1歳）として式にしてみるね。

$$\begin{cases} たろう & 11歳＋\boxed{1}歳＝①歳 \\ 母 & 39歳＋\boxed{1}歳＝③歳 \end{cases}$$

1歳と①歳は同じ年数ではないので，□と○で区別しよう！

あ，やっぱり！　消去算の【片方をそろえて消す】と同じ形だ！
1歳がそろっているから／で消すと，③歳と①歳の差がわかるんだね！

求めたい1に〜を引いておこうね！

つまり，1歳は，14歳－11歳＝3歳で，答えは3年だね。

大正解!!　年齢算も式の形にすると消去算になるんだよ。

なるほど〜。式の形の状況整理は便利だね。
よし！　スイッチが入った！　演習問題をやってみるね！

【年齢の差】 現在，花子さんは 8 歳，お母さんは38歳です。お母さんの年齢が花子さんの年齢の 4 倍になるのは今から何年後か求めなさい。

作業しよう

手順①

花子　8歳 + 1歳 = 1歳
母　38歳 + 1歳 = 4歳

① □と○を使って式を作る。

「今から何年後」を 1 年後，1 年後の花子の年齢を①歳，母の年齢を④歳として式を書く。

求めたい 1 に〜を引いておこう！

手順②

花子　8 歳 + 1歳 = 1歳
母　38 歳 + 1歳 = 4歳
差　30歳　　 = 3歳

② そろっているもの（□）を消す。

そろっている 1 歳を／で消して，④歳と①歳の差を求める。

38歳 − 8 歳 = 30歳…3歳

手順③　30歳 ÷ 3 = 10歳…①

③ ①歳当たりを計算する。

30歳 ÷ 3 = 10歳…①歳

花子と母の両方で計算をして，同じ答えになることを確かめよう！

手順④　10歳 − 8歳 = 2 歳
（10歳 × 4 − 38歳 = 2 歳）

2 年後

④ □を求める。

①歳と④歳を計算して，1 歳を求める。

花子　10歳 − 8 歳 = 2 歳（1 歳）
　　　　①
母　40歳 − 38歳 = 2 歳（1 歳）
　　　　④
よって，2 年後。

やってみよう！

現在，まさし君は12歳，お父さんは48歳です。お父さんの年齢がまさし君の年齢の 3 倍になるのは今から何年後か求めなさい。

[やってみよう！ 解答]　まさし　12歳 + 1歳 = 1歳　　36 ÷ 2 = 18歳…①
　　　　　　　　　　　　父　48歳 + 1歳 = 3歳　　18歳 − 12歳 + 6歳… 1　　6 年後
　　　　　　　　　　　　　　　　　　　　　　　　　　①
　　　　　　　　　　　　差　36歳 = 　2歳　　（18歳 × 3 − 48歳 = 6 歳）

【年齢の和】 現在，父は40歳，母は36歳，兄は12歳，たろう君は 9 歳，妹は 5 歳です。両親の年齢の和が子ども 3 人の年齢の和の 2 倍になるのは今から何年後か求めなさい。

 じゃあ人数が多い年齢算の状況整理をしてみよう。みんな平等に年を取るのでみんな①年後には①歳年を取るよね。

ふむふむ。ということは，①年後の父は40歳＋①歳で，母は36歳＋①歳だね。

 そう。子ども 3 人も同じように①歳年を取るよね。じゃあ 5 人を縦に並べて整理してみよう。①年後の両親の年齢の和は②歳，子ども 3 人の年齢の和は①歳とすると下のようになるよね。

```
        現在
父     40歳＋①歳 ┐
母     36歳＋①歳 ┘ 父母は，76歳＋②歳＝②歳

兄     12歳＋①歳 ┐
たろう  9歳＋①歳 ├ 子ども 3 人は，26歳＋③歳＝①歳
妹      5歳＋①歳 ┘
```

 人数が多いときは，線分図はちょっと書きにくいよ。求めたい①歳に〜を引こう！

あ！ これも消去算の【片方をそろえて消す】と同じ形だね。

 そのとおり。求めたいのは，①歳だね。

あ！ そうか！ ①歳を知りたいから，〇をそろえて消すんだね！

 大正解!! さて，〇をどうやってそろえて消すか覚えているよね？

もちろん覚えているよ！ 最小公倍数でそろえるんでしょ。

 そのとおり！ ちゃんと考え方が身についているね。②歳と①歳を，2 と 1 の最小公倍数の②歳でそろえて解いてみよう。消去算の書き方を思い出しながらやろうね。

```
父母     76歳＋②歳＝②歳  ──×1──→  76歳＋②歳＝②歳
子ども   26歳＋③歳＝①歳  ──×2──→  52歳＋⑥歳＝②歳
3 人                                   差24歳＝④歳
```

 消去算の18ページと同じ形だね。

ふむふむ。⑥歳と②歳の差の④歳が24歳だから，①歳は24歳÷4＝6歳だ。
つまり答えは <u>6 年後</u>だね。

 必ず確かめをするニャ！

【年齢の和】 現在，父は42歳，母は40歳，兄は 8 歳，たろう君は 6 歳，妹は 4 歳です。両親の年齢の和が子ども 3 人の年齢の和の 3 倍になるのは今から何年後か求めなさい。

作業しよう

手順①

父	42歳 + $\boxed{1}$ 歳
母	40歳 + $\boxed{1}$ 歳
兄	8歳 + $\boxed{1}$ 歳
たろう	6歳 + $\boxed{1}$ 歳
妹	4歳 + $\boxed{1}$ 歳

縦にそろえて書くと見やすくなるよ！

求めたい $\boxed{1}$ 歳に～を引こう。

① 5 人全員を式の形で整理する。

「今から何年後」を $\boxed{1}$ 年後として，$\boxed{1}$ 年後の父，母，兄，たろう，妹の 5 人を式で縦に整理する。

手順②

父	42歳 + $\boxed{1}$ 歳	82歳 + $\boxed{2}$ 歳 = ③歳
母	40歳 + $\boxed{1}$ 歳	
兄	8歳 + $\boxed{1}$ 歳	
たろう	6歳 + $\boxed{1}$ 歳	18歳 + $\boxed{3}$ 歳 = ①歳
妹	4歳 + $\boxed{1}$ 歳	

② □と○を使って式を作る。

$\boxed{1}$ 年後の両親の年齢の和を③歳，子ども3人の年齢の和を①歳として式を書く。

手順③

父母	82歳 + $\boxed{2}$ 歳 = ③歳	×1 →	82歳 + $\boxed{2}$ 歳 = ③歳
子ども 3 人	18歳 + $\boxed{3}$ 歳 = ①歳	×3 →	54歳 + $\boxed{9}$ 歳 = ③歳
			差28歳 = $\boxed{7}$ 歳

③ □を求めるために，○を最小公倍数にそろえて消す。

求めたいのは $\boxed{1}$ 歳なので，③歳と①歳を最小公倍数③歳にそろえてから，③歳を／で消して□の差を求める。

82歳 − 54歳 = 28歳…$\boxed{7}$ 歳 （$\boxed{9}$ − $\boxed{2}$）

手順④ 28歳÷7＝4 歳

4 年後

④ $\boxed{1}$ 歳を求めて確かめをする。

28歳 ÷ 7歳 = 4 歳…$\boxed{1}$ 歳　　<u>4 年後</u>

父	42歳 + 4 歳 = 46歳	兄	8 歳 + 4 歳 = 12歳
母	40歳 + 4 歳 = 44歳	たろう	6 歳 + 4 歳 = 10歳
		妹	4 歳 + 4 歳 = 8 歳
父母	46歳 + 44歳 = 90歳	子ども3人	12歳 + 10歳 + 8 歳 = 30歳
	③	：	①

やってみよう！

現在，父は48歳，母は44歳，姉は 5 歳，たろう君は 2 歳，弟は 1 歳です。両親の年齢の和が子ども3人の年齢の和の4倍になるのは今から何年後か求めなさい。

確かめもしようニャ。

[やってみよう！ 解答]

父	48歳 + $\boxed{1}$ 歳	92歳 + $\boxed{2}$ 歳 = ④	×1 →	92歳 + $\boxed{2}$ 歳 = ④歳	60歳÷10 = 6 歳…$\boxed{1}$
母	44歳 + $\boxed{1}$ 歳				<u>6 年後</u>
姉	5 歳 + $\boxed{1}$ 歳				
たろう	2 歳 + $\boxed{1}$ 歳	8歳 + $\boxed{3}$ 歳 = ①	×4 →	32歳 + $\boxed{12}$ 歳 = ④歳	
弟	1 歳 + $\boxed{1}$ 歳			差 60歳 = $\boxed{10}$ 歳	

(1) 現在，太郎君とお父さんの年齢の差は30歳です。14年後，お父さんの年齢は太郎君の年齢の2倍になります。現在，太郎君は何歳ですか。

(藤嶺学園藤沢中学校　2022　第1回)

(1) 現在の太郎君の年齢を①歳とすると，お父さんは（①歳＋30歳）と表せます。
14年後の父を②歳，太郎を①歳として式を書きます。

$$
\begin{cases}
父 & （①歳＋30歳）＋14歳＝②歳 \xrightarrow{×1} ①歳＋44歳＝②歳 \\
 & \qquad\qquad\qquad\qquad\qquad 30歳＋14歳 \\
太郎 & ①歳 ＋14歳＝①歳 \xrightarrow{×2} ②歳＋28歳＝②歳 \\
 & \qquad\qquad\qquad 差　①歳＝16歳
\end{cases}
$$

答え：　16歳

(2) 父，母，長男，次男，三男の5人家族がいます。現在，この家族5人の年齢の和は127歳ですが，10年前は三男がまだ生まれていなかったので，家族4人の年齢の和は79歳でした。また，5年後には長男が留学して一緒に住めなくなるので，そのとき同居している家族4人の年齢の和は132歳になります。次の問いに答えなさい。ただし，子どもの年齢はすべて異なることとします。

(高槻中学校　2022　A)

① 現在の三男の年齢を求めなさい。

② 現在の長男の年齢を求めなさい。

(2) 5人を時系列で整理します。

	10年前		現在		5年後
父	□	+10歳→	□	+5歳→	□
母	□	+10歳→	□	+5歳→	□
長男	□	+10歳→	□	×	
次男	□	+10歳→	□	+5歳→	□
三男	×		□	+5歳→	□
合計	79歳		127歳		132歳

①10年前の4人の年齢の和が79歳なので，現在の三男以外の4人の年齢の和は，79歳＋10歳×4人＝119歳です。つまり，現在の三男は，127歳－119歳＝8歳。

答え：　8歳

②

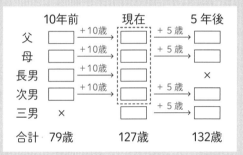

	現在		5年後
父	▨	+5歳→	▨
母	▨	+5歳→	▨
長男	□	×	
次男	▨	+5歳→	▨
三男	8歳	+5歳→	13歳
合計	127歳		132歳

5年後の父＋母＋次男＝119歳（132－13）

つまり，119歳－5歳×3人より，

父＋母＋次男＝104歳

現在の長男は　127歳－（104歳＋8歳）＝15歳
　　　　　　　　　　父・母・次男　三男

答え：　15歳

この単元のポイント

【合計÷個数＝平均】
合計を個数（人数）で割ると平均が求められる。

【面積図の利用】
「飛び出ているところ」をけずって「へこんでいるところ」に入れて平らにする。

これが平均算の面積図だ！

平均

HOP

【合計÷個数＝平均】 花子さん・春子さん・太郎君・次郎君 4 人の身長を調べたところ，154cm・144cm・165cm・159cmでした。この 4 人の平均身長を求めなさい。

 さぁ，今日は平均算をやってみよう！ 平均って聞いたことあるかな？

 あるよ〜。テストの平均点とかさ……。

 そう！ それだね。平均点ってどういうものかわかる？

 えっと……，点数が高い人と低い人がいて，その中間くらいの点数が平均点かな。

 うん。半分くらいは正解かな。じゃあ『平均』という言葉の意味を考えてみようか。『平均』は『平らに均一にする』という意味なんだよ。

 わ！ 国語の授業みたい〜。『でこぼこのものを平らに均一にする』って感じかな？

 そのとおり！ ちょっと問題を見てみようか。下のように 4 人を並べてみるとでこぼこになっているよね。

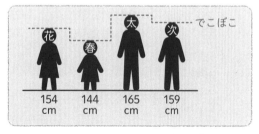

でこぼこ

花	春	太	次
154cm	144cm	165cm	159cm

 ふむふむ。このでこぼこを平らに均一にするのが平均なんだね。
でもさ，どうやって均一にするの？

学校の砂場の砂ならしってしたことあるかな？　でこぼこの飛び出ている
ところをけずって，へこんでいるところに入れると平らに均一になるよね？

確かに！

クラスの4人の身長を縦の棒状に書き直してみるね。で，飛び出ているところをけずって
へこんでいるところに入れて平らにしてみるね。

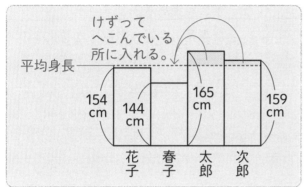

お～！　平らになったね！　平均身長は何cmになるの？

上の図を面積として考えると，でこぼこの状態でも，平らにしても面積は
変わらないよね？　つまり，面積は154＋144＋165＋159＝622だね。

うん。そこまではわかったよ。

平均身長は，平らにしたときの縦の長さだから，面積の622を横の長さの4（人）で割ると，
622÷4＝155.5になる。つまり，平均身長は155.5cmです。

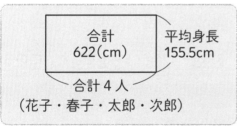

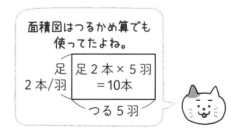

そっか！　全員の身長の合計を合計人数で割ると平均身長が求められるんだね。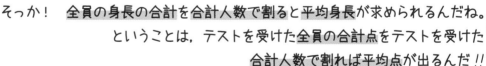
ということは，テストを受けた全員の合計点をテストを受けた
合計人数で割れば平均点が出るんだ！！

そのとおり！！ 合計÷個数（人数）＝平均ということです！

合計÷個数（人数）＝平均か！　なんか公式っぽくて頭に残りそうだよ！！

【合計÷個数＝平均】　大山君・原口君・佐藤君・中野君の 4 人の身長を調べたところ，160cm・162cm・172cm・158cmでした。この 4 人の平均身長を求めなさい。

作業しよう

手順① $\quad 160 + 162 + 172 + 158 = 652$

手順② $\quad 160 + 162 + 172 + 158 = 652$
$\qquad\quad 652 \div 4 = 163$

163cm

① 4人の合計身長を求める。
$160 + 162 + 172 + 158 = 652$ (cm)。

② 平均を求める。
合計身長÷合計人数＝平均身長なので，
652cmを 4 人で割る。
$652 \div 4 = \underline{163}$ (cm)

やってみよう！①

花子さん・夏子さん・冬子さん・すぐる君・ゆうき君の 5 人の身長を調べたところ，151cm・148cm・156cm・170cm・163cmでした。この 5 人の平均身長を求めなさい。

平均は，小数や分数に
なることもあるよ。

やってみよう！②

山本君・加藤さん・大谷君の 3 人の体重を調べたところ，52kg・47kg・59kgでした。この 3 人の平均体重を求めなさい。

[やってみよう！　解答] ① $151 + 148 + 156 + 170 + 163 = 788$ (cm)
$\qquad\qquad\qquad\qquad 788 \div 5 = \underline{157.6}$ (cm)
$\qquad\qquad$② $52 + 47 + 59 = 158$ (kg)
$\qquad\qquad\qquad\qquad 158 \div 3 = \underline{52\frac{2}{3}}$ (kg)

【面積図の利用】 あるクラスで算数のテストを行ったところ，男子15人の平均点が78点，女子12人の平均点が69点でした。このクラス全体の平均点を求めなさい。

男子と女子の平均点がそれぞれわかっているってことは……，合計点は出るのかな？

 合計÷個数（人数）＝平均だから，逆算で平均×人数をすると合計点が出るよね？
つまり，男子15人の合計点は，78×15＝1170（点），女子12人の合計点は，
69×12＝828（点）になるよ。
平均点×人数

なるほど〜。ということは，クラス全体の合計点は，1170＋828＝1998（点）だ！

 そのとおり！ つまりクラス全体の平均点は，1998÷（15＋12）＝74点になるね。
クラス全体の合計点÷クラスの合計人数

納得〜。これもさっきみたいな面積の図にできる？

 もちろんできるよ！ まずは男子15人全体の点数と女子12人全体の点数を
面積図にすると下のようになるよね。

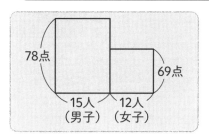

うん。これだとでこぼこしているから
クラス全体を平均するんだよね？

 そのとおり。飛び出ているところをけずってへこんでいるところに入れるから，
⑦の面積と④の面積が等しくなるのはわかるかな？

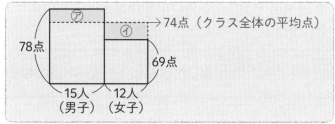

全体を平均する線は，
点線で書くと見やすいよ！

わかるよ！ クラス全体の平均点は74点だよね。

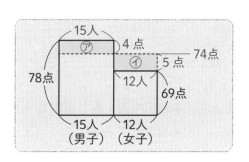

⑦の面積は，（78－74）×15＝60。
④の面積は，（74－69）×12＝60。
わかる長さ（点数や人数）を面積図に
書き込むクセをつけようね！

これってさ……，もしかして比が使える？

 すごい！　よく気がついたね！　⑦の面積と⑦の面積は等しいよね？　**面積が等しい長方形どうしの，縦の長さと横の長さの関係性を見ると逆比になっているんだよ。**

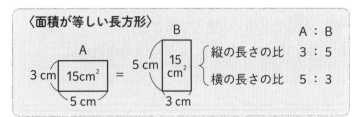

 逆比は，『①数・割合・速さ』「13比①（約比・逆比）」（84ページ）でやったニャ。

なるほど。ということは，この問題も逆比を利用して平均点が求められるのかな？

 やってみようか。再度，男子15人全体の点数と女子12人全体の点数を面積図にして，全体の平均を作図してみよう。⑦と⑦の面積は等しくて，横の長さの比は15（人）：12（人）＝5：4だね。

ふむふむ。そうすると縦の長さの比は，4：5？

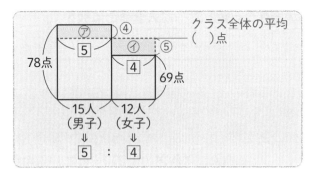

面積図の中の比には，○や□をつけて，実数値（人数や点数）と区別しようね！

 そのとおり。④と⑤の和の⑨が，男子全体の平均点78点と女子全体の平均点69点の差の9点（78－69）になるから，①は1点になるよね。

ということは，④は4点だね。クラス全体の平均点は，男子の平均点78点より④の4点低いから78点－4点＝<u>74点</u>だ！！

 大正解！　女子の平均点69点より⑤＝5点高いから 69点＋5点＝<u>74点</u>とも出せるね。

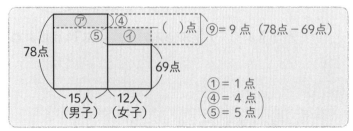

すっごくスッキリ〜。**平均算って面積図を書いて比を利用すると楽なんだね〜！**

楽しいから練習してみたくなったよ！

【面積図の利用】 あるクラスで算数のテストを行ったところ，男子25人の平均点が82点，女子15人の平均点が70点でした。このクラス全体の平均点を求めなさい。

🏠 作業しよう

手順①

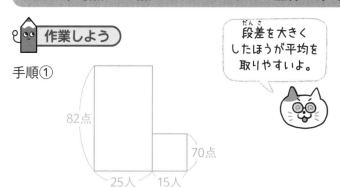

段差を大きくしたほうが平均を取りやすいよ。

手順②

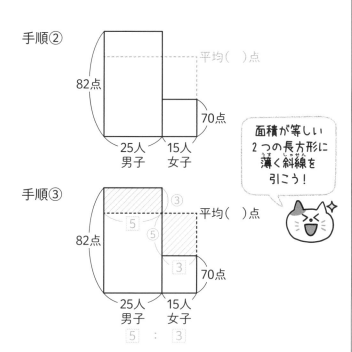

面積が等しい2つの長方形に薄く斜線を引こう！

手順③

手順④

82－70＝12（点）…8
12÷8＝1.5（点）…①
82－1.5×3＝77.5（点）
（70＋1.5×5＝77.5（点））

77.5点

① **男子と女子のでこぼこの面積図を書く。**

人数を横，点数を縦にして，男子全体と女子全体の面積図を隣どうしくっつけて書く。

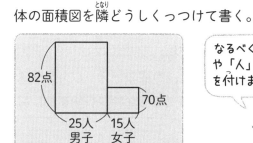

なるべく，「点」や「人」の単位を付けましょう。

② **クラス全体の平均を点線で書き込む。**

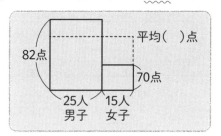

③ **○，□の比を書き込む。**

面積が等しい2つの長方形の横の長さの比を求める。横の長さの比は，25人：15人＝5：3。横の長さの比5：3の逆比の3：5を縦に書き込む。

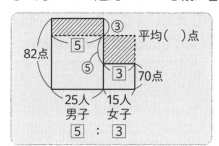

④ **①当たりを求める。**

縦の長さ③と⑤の合計⑧の点数を求める。

82－70＝12（点）…⑧

①当たりを求め，③もしくは⑤を求めて，クラス全体の平均を求める。

12÷8＝1.5（点）…①

82－1.5×3＝77.5（点）
　　　　③

70＋1.5×5＝77.5（点）
　　　　⑤

[別解]

平均点は，合計点÷合計人数でも求められます。

（82×25＋70×15）÷（25＋15）＝77.5（点）
　クラス全体の合計点　　　合計人数

10

平均算

【面積図の利用】 算数のテストが何回かあり，その平均点は72点でした。今度のテストで90点を取ると，すべてのテストの平均点が75点になります。今度のテストが何回目かを求めなさい。

さて，次は最初から全体の平均がわかっている平均算にトライしてみようか。

先生！ 面積図を書いてみていい？
今度は……，横に回数かな？

そうだね。
まずは，今度のテスト以外のテストの回数を□回として面積図を書いてみよう。
その隣（右側がわかりやすい）に今度のテストの90点の面積図を書こうね。

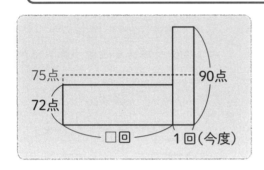

ふむふむ。□回のテストの平均点は72点だね。
今度のテスト1回の点数が90点なんだよね。
で，すべてのテストの平均点75点を点線で書き込んだんだね。

そう。
飛び出ているところとへこんでいるところの面積は等しいから，
飛び出ているところの面積を㋐，へこんでいるところの面積を㋑として考えてみよう。

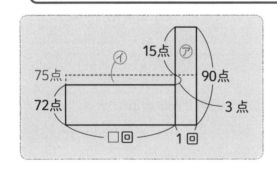

㋐の面積と㋑の面積は等しいから，
縦の長さの比と横の長さの比の逆比を利用すればいいんだよね？

そのとおり。

㋐の縦の長さは90点－75点＝15点，

㋑の縦の長さは75点－72点＝3点だから，

㋐と㋑の縦の長さの比は 15：3＝5：1 になるね。

わかった！

㋐と㋑の横の長さの比は，縦の長さの比の逆比になるから1：5だ！

正解。

①が1回とわかるから，⑤は5回。

つまり，今度のテストは5回＋1回＝6回目だね。

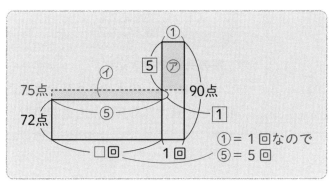

比を見やすく
するために，
面積図は
大きく書こう！

大正解!! うっかり「5回」と答えないようにね。

どう？ 面積図が書けると意外と簡単でしょ？

うん！

平均算は攻略できそうだよ。

【面積図の利用】 算数のテストが何回かあり，その平均点は75点でした。今度のテストで91点を取ると，すべてのテストの平均点が77点になります。今度のテストが何回目かを求めなさい。

作業しよう

手順①

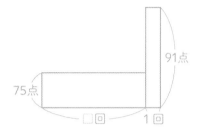

① **面積図を書く。**

テストの回数を横，点数を縦にして，今までのテストの回数を□回，今度のテストは1回として面積図を書く。

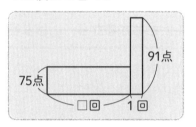

手順②

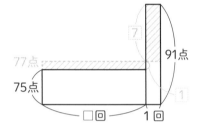

$77 - 75 = 2$（点）
$91 - 77 = 14$（点）
$2 : 14 = ①: ⑦$

比には，
〇や□を付けてね！

② **縦の長さを書き込む。**

すべてのテストの平均を点線で書き込み，面積が等しい長方形の縦の比を書き込む。

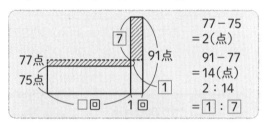

$77 - 75$
$= 2$（点）
$91 - 77$
$= 14$（点）
$2 : 14$
$= ①: ⑦$

手順③

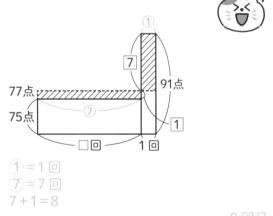

$①= 1$回
$⑦= 7$回
$7 + 1 = 8$

8回目

③ **横に縦の逆比を書きこむ。**

面積が等しい長方形の縦の長さの比の逆比を横に書き込む。

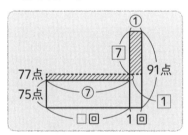

$①= 1$回なので$⑦= 7$回。
7回$+ 1$回$= 8$回。

やってみよう！

国語のテストが何回かあり，その平均点は67点でした。今度のテストで87点を取ると，すべてのテストの平均点が69点になります。今度のテストが何回目かを求めなさい。

［やってみよう！ 解答］

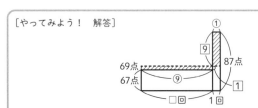

$69 - 67 = 2$（点）　　縦 $2 : 18 = ①: ⑨$
$87 - 69 = 18$（点）　　横 $⑨: ①$

$①= 1$回
$⑨= 9$回

$9 + 1 = 10$（回）　 10回目

入試問題にチャレンジしてみよう!
（右側を隠して解いてみよう）

(1) A，B，C，D，Eの5人が算数のテストを受けました。5人の平均点は83点で，A，C，Eの3人の平均点は89点，B，C，Dの3人の平均点は80点でした。Cの点数は□点です。

（甲南女子中学校　2023　A入試1次）

(2) ある6人の身長の平均は142cmです。この6人にAさんを加えた7人の身長の平均は144cmでした。Aさんの身長を求めなさい。

（広尾学園中学校　2022　第1回）

(3) 18回のテストがあります。1回目から15回目までの平均点は目標平均点に4点足りませんでした。残りのテストをすべて100点満点取りましたが，平均点は目標平均点まで2点届きませんでした。目標平均点を求めなさい。

（三田学園中学校　2022　前期A）

---

(1) 平均点から合計点を求めます。

$$\begin{cases} A + B + C + D + E = 415点　（83点×5人）\\ A　　+ C +　　E = 267点　（89点×3人）\\ B + C + D　　 = 240点　（80点×3人）\end{cases}$$

$$\underset{A+B+C+C+D+E}{\underline{267点}} + \underline{240点} - \underset{A+B+C+D+E}{\underline{415点}} = 92点 \cdots C$$

答え：　92

(2) 面積図を書きます。

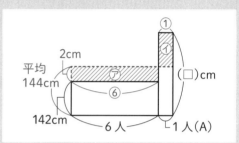

⑦と⑦の面積は等しいので，横の長さの比6：1の逆比が縦の長さの比になります。

$$144 + \underset{\boxed{6}}{\underline{12cm}} = 156cm$$

答え：　156cm

(3) 面積図を書き，目標平均点，平均点（点線），4点，100点，2点，回数を書き込みます。

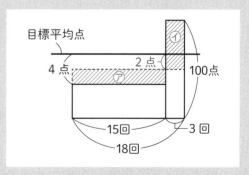

⑦の縦は，4点−2点＝2点です。

⑦は，2×15＝30点なので，⑦の縦は30点÷3回＝10点です。

目標平均点は，$\underset{平均点}{\underline{100点 − 10点}} + 2点 = 92点。$

答え：　92点

11 仕事算 ~仕事全体を整数にしよう~

この単元のポイント

【仕事全体を最小公倍数にする】
1日（分）当たりの仕事量が異なる2人が働くときは，仕事全体は最小公倍数。

【1人当たりの仕事量を①にする】
1日当たりの仕事量が同じ人たちが働くときは，1人当たりの仕事量は①。

問題文の状況を式の形にしよう！

〈仕事全体を最小公倍数にする〉
たろう×10日＝仕事㉚ ┐10と15の
はなこ×15日＝仕事㉚ ┘最小公倍数

〈1人当たりの仕事量を①にする〉
大人5人×12日＝仕事　⑤×12日＝㊿

HOP

【仕事全体を最小公倍数にする】 ある仕事をするのに，たろう君1人では10日，花子さん1人では15日かかります。この仕事を2人で一緒にやると何日かかるか求めなさい。

 さぁ，今日は仕事算にチャレンジしてみよう！

仕事算？　え……，働くの？

 あはは。キミが働くわけじゃないから安心して。まずは上の問題を見てみようか。

えっと……，たろう君が10日でやった仕事と
花子さんが15日でやった仕事って同じ仕事なの？

 そうだよ。じゃあ，問題文の状況を式の形にしてみようか。

> たろう×10日＝仕事
> 花子×15日＝仕事
> （たろう＋花子）×□日＝仕事

なるほど～。図じゃなくて式にするんだね。

 さて，ここで質問。仕事全体をいくつと仮定するとやりやすいと思う？

え……，わからないよ～。①とか？

 そうだね。確かに仕事全体を①と仮定しても解けるんだ。

仕事全体が①だとたろう君が1日でやる仕事量は，①÷10日＝$\frac{1}{10}$になるよね。

う……，分数だ。仕事算って分数がたくさん出てくるの？
なんか難しそうだよ〜。やる気が……。

ふふ。その気持ち，先生もよくわかるな。
じゃあ分数じゃなくて整数で解けるならやる気は出る？

え !!　分数を使わないで整数でできるの？

できるよ！　仕事全体を①じゃない数に仮定するの。
仕事全体を，たろう君の10日と花子さんの15日で割り切れる数で考えてみない？

そっか。10日と15日で割り切れる数は……，10と15の公倍数だね！
最小公倍数は30だ !!

正解!!　仕事全体を㉚と仮定すると，たろう君の 1 日当たりの仕事量は
㉚÷10日＝③，花子さんの 1 日当たりの仕事量は㉚÷15日＝②になるよね。

すご〜い !!　整数になったね！　ちょっとやる気が出たよ〜。

じゃあ，やる気が出たところで（笑）。たろう君と花子さんが 2 人で一緒に
仕事をすると 1 日でどれくらいの仕事ができるかわかるかな？。

簡単じゃん！　③＋②＝⑤だ！

そのとおり！　ということは，2 人で一緒に仕事全体をすると㉚÷⑤＝<u>6 日</u>かかる
ことになるね。

お〜。整数で考えるとスッキリしてわかりやすいね！

そうだね。ポイントは仕事全体を最小公倍数に仮定する
ことなんだ。ここで整理をしておこうか。

> たろう ×10日＝仕事㉚
> ③/日
>
> 　　　10と15の最小公倍数
>
> 花子 ×15日＝仕事㉚
> ②/日
>
> つまり
> （たろう ＋ 花子）×□日＝仕事㉚
> ③＋②＝⑤/日　　㉚÷⑤/日
> 　　　　　　　　＝6 日

仕事量は実数値
ではないので，
〇を付けて
おこうね！

仕事算，意外といけそう！

よかった。じゃあ，少し応用問題にトライしてみる？

うん！　やってみたい！

【仕事全体を最小公倍数にする】 たろう君1人では12日，花子さん1人では18日かかる仕事があります。この仕事を2人で一緒に始めましたが，途中で花子さんが何日か休んだため，仕事を仕上げるのに8日かかりました。花子さんが休んだ日数を求めなさい。

え……，今度は休むの〜？

 うん。でも，花子さんは途中で休むけど，たろう君は最初から最後まで休まないからたろう君が何日間働いたかはわかるよね？

あ！ そっか！ たろう君は8日間働いたんだね！

 そのとおり。じゃあ，問題文の状況を式の形にしてみようか。

たろう×12日＝仕事
花子×18日＝仕事
たろう×8日＋花子×□日＝仕事

仕事全体は，12日と18日の最小公倍数だから㊱だね。

 正解！ 仕事全体を㊱と仮定すると，たろう君の1日当たりの仕事量は㊱÷12日＝③，花子さんの1日当たりの仕事量は㊱÷18日＝②。たろう君は8日間働いたから，③×8日＝㉔の仕事をしたんだ。

ということは……，花子さんが働いた仕事量は㊱－㉔＝⑫なのか！

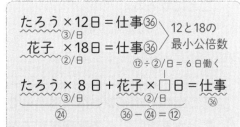

 そのとおり！ だから，花子さんは⑫÷②＝6日働いたんだよ。

お〜。つまり，花子さんは
8日－6日＝<u>2日</u>間休んだんだね！

 よく解けました！

【仕事全体を最小公倍数にする】 ある仕事をするのに，せいや君1人では21日，けんと君1人では28日かかります。この仕事を2人で一緒にやると何日かかるか求めなさい。

作業しよう

手順① せいや君×21日＝仕事

けんと君×28日＝仕事

（せいや君＋けんと君）×□日＝仕事

① 問題文の状況を式の形にする。

せいや君×21日＝仕事

けんと君×28日＝仕事

（せいや君＋けんと君）×□日＝仕事

手順② せいや君×21日＝仕事⑧④

→⑧④÷21日＝④/日

けんと君×28日＝仕事⑧④

→⑧④÷28日＝③/日

（せいや君＋けんと君）×□日＝仕事⑧④

仕事全体は何と何の
最小公倍数になるか
考えよう！

② 仕事全体を最小公倍数にする。

仕事全体を21（日）と28（日）の最小公倍数の⑧④と置き，せいや君とけんと君の1日当たりの仕事量を求める。

せいや君×21日＝仕事⑧④

→⑧④÷21日＝④/日

けんと君×28日＝仕事⑧④

→⑧④÷28日＝③/日

手順③ （せいや君＋けんと君）×□日＝仕事⑧④

④/日　③/日

⑦/日

⑧④÷⑦＝12日

12日

③ 状況整理をした式に仕事量の○を書き込む。

手順①の一番下の式に，おのおのの仕事量と仕事全体を書き込み，□を求める。

（せいや君＋けんと君）×□日＝仕事

④/日　③/日　→　⑧④

⑦/日

⑧④÷⑦＝12日

11
仕事算

やってみよう！

ある仕事をするのに，すぐる君1人では45日，まさし君1人では36日かかります。この仕事を2人で一緒にやると何日かかるか求めなさい。

［やってみよう！ 解答］すぐる×45日＝仕事⑱⓪

④

まさし×36日＝仕事⑱⓪

⑤

（すぐる＋まさし）×□日＝仕事

⑨　→　⑱⓪

⑱⓪÷⑨＝20（日）

【1人当たりの仕事量を①にする】　8人で働くと25日かかる仕事を，10人で働くと何日かかるか求めなさい。

よし！　まずは問題文の状況を式の形にしてみるね。
で，仕事全体を最小公倍数に……，ってあれ？　これ，どうするの？

> 8人×25日＝仕事
> 10人×□日＝仕事

そう，悩むよね。さっきは1日当たりの仕事量がたろう君と花子さんでは異なっていたよね。だから仕事全体を最小公倍数に仮定することができたんだ。

でも，今度は1日当たりの仕事量は……，8人全員同じなのかな？

そうなの。8人とも1日当たりの仕事量が同じなんだよね。
だから，1人1日当たりの仕事量を①に仮定してみようか。
1人1日当たりの仕事量を①に仮定すると，
仕事全体は①×8人×25日＝⑳⓪になるね。

ふむふむ。

この⑳⓪の仕事を10人で働くと，⑳⓪÷（①×10人）＝<u>20日</u>かかるんだ。

なるほど～。全員ロボットみたいに同じ仕事量で働く仕事算なんだね。
これも整数で解けるんだね。

【1人当たりの仕事量を①にする】　8人で働くと25日かかる仕事を，4人で15日働いた後に残りを7人で働くとあと何日かかるか求めなさい。

まずは，問題文の状況を式の形にしなきゃね！
1人1日当たりの仕事量を①に仮定するんだよね。

そうだね。式にすると下のようになるよね。

> ①×8人×25日＝⑳⓪
> ①×4人×15日＋①×7人×□日＝⑳⓪

なるほど～。

①×4人×15日＝㋐⓪で，□を求めたいから（⑳⓪－㋐⓪）÷⑦＝20
つまり20日だね。
この仕事算は『のべ算』なんていい方もするんだよ。
次のページで演習してみようね。

【１人当たりの仕事量を①にする】　15人で働くと24日かかる仕事を，18人で働くと何日かかるか求めなさい。

作業しよう

手順①　①×15人×24日＝仕事
　　　　①×18人×□日＝仕事

① 　１人１日当たりの仕事量を①として，問題文の状況を式にする。
　　①×15人×24日＝仕事
　　①×18人×□日＝仕事

手順②　①×15人×24日＝仕事360
　　　　①×18人×□日＝仕事360

② 　仕事全体を求めて，式に書き込む。
　　①×15人×24日＝仕事⑨360（仕事全体）
　　①×18人×□日＝仕事⑨360（仕事全体）

手順③　360÷18＝20日

　　　　　　　　　　　　　　　20日

③ 　計算をする。
　　360÷⑱＝20日
　　　　‖
　　　①×18人

11

仕事算

やってみよう！

33人で働くと15日かかる仕事を，55人で働くと何日かかるか求めなさい。

［やってみよう！　解答］①×33人×15日＝仕事⑨495
　　　　　　　　　　　①×55人×□日＝仕事⑨495
　　　　　　　　　　　　　↓
　　　　　　　　　　495÷55＝9日

【１人当たりの仕事量を①にする】　６人で働くと25日かかる仕事を，５人で12日働いた後に残りを９人で働くとあと何日かかるか求めなさい。

 **作業しよう**

 １人１日当たり①だニャ。

手順①　①× ６人×25日＝仕事
　　　　①× ５人×12日＋①× ９人×□日＝仕事

手順②　①× ６人×25日＝仕事150
　　　　①× ５人×12日＋①× ９人×□日＝仕事150

手順③　①× ５人×12日＋①× ９人×□日＝仕事150
　　　　　　　　‖
　　　　　　　60

　　　　150 － 60 ＝ 90

　　　　90 ÷（①× ９人）＝10日

　　　　　　　　　　　　　　　　10日

① 　１人１日当たりの仕事量を①として問題文の状況を式にする。

　①× ６人×25日＝仕事

　①× ５人×12日＋①× ９人×□日＝仕事

② 　仕事全体を求めて，式に書き込む。

　①× ６人×25日＝仕事150（仕事全体）

　①× ６人×25日＝仕事150

　①× ５人×12日＋①× ９人×□日＝仕事150

③ 　計算をする。

　５人で12日で働いた仕事量を求め，９人で□日で働く仕事量を計算する。

　①× ５人×12日＝60

　150 － 60 ＝ 90

　①× ９人×□日＝90
　　　　　↓
　　　90 ÷ 9 ＝ 10日

やってみよう！

12人で働くと20日かかる仕事を，６人で12日働いた後に残りを８人で働くとあと何日かかるか求めなさい。

[やってみよう！　解答] ①×12人×20日＝仕事240
　　　　　　　　　①× ６人×12日＋①× ８人×□日＝仕事240
　　　　　　　　　　　72
　　　　　　　　　　　　　　　　　（240 － 72）÷ ⑧ ＝ 21（日）

JUMP!

入試問題にチャレンジしてみよう！
（右側を隠して解いてみよう）

(1) 2つの排水口A，Bがある水そうがあります。この水そういっぱいに入った水をすべて流すのにかかる時間は，Aだけの場合21分，Bだけの場合33分です。A，Bから1分間に流れ出る水の量の差は12リットルです。この水そうの容積を求めなさい。

(鷗友学園女子中学校　2016)

(1) まずは，問題文の状況を式の形にします。

A×21分＝水そう㉛　B×33分＝水そう㉛
（水そう全体を，21と33の最小公倍数㉛と置きます）

Aの1分当たりは，㉛÷21分＝⑪/分です。
Bの1分当たりは，㉛÷33分＝⑦/分です。
Aの⑪/分とB⑦/分の差が，12L/分なので，

$$÷4 \left(\begin{array}{c} ④=12L \\ ①=3L \end{array} \right) ÷4$$

水そう全体は，㉛なので，3×231＝693

答え：　693L

(2) ある仕事を完成させるのに，Aさんが1人ですると8時間，Bさんが1人ですると6時間，Cさんが1人ですると5時間かかります。この仕事をBさんとCさんが1時間30分行い，残りをAさんが行いました。Aさんが働いた時間は何時間何分ですか。

(田園調布学園中等部　2022)

(2) まずは，問題文の状況を式の形にします。
A×8時間＝仕事⑫⓪
B×6時間＝仕事⑫⓪
C×5時間＝仕事⑫⓪
（仕事全体を8，6，5の最小公倍数⑫⓪と置きます）

Aの1時間当たりの仕事量は，⑫⓪÷8時間＝⑮/時です。
Bの1時間当たりの仕事量は，⑫⓪÷6時間＝⑳/時です。
Cの1時間当たりの仕事量は，⑫⓪÷5時間＝㉔/時です。
BとCが一緒に1時間30分働くと，
(B+C)×1.5時間＝㉖㊅の仕事が終わります。
⑳+㉔　1時間30分

残りの，⑫⓪－㊅㊅＝㊄㊄をA1人で働くので，
Aが働いた時間は
㊄㊄÷⑮/時＝3.6時間＝3時間36分（0.6時間は，60分×0.6＝36分）

答え：3時間36分

11
仕事算

12 ニュートン算 〜減る量に注目しよう〜

この単元のポイント

【減る量＝出る量−入る量】
水そう図を書いて，減る量を長方形の縦の長さにする。

【ポンプの個数の差に注目】
水そう図を2つ書いて差を考える。

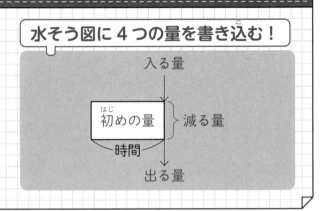

水そう図に4つの量を書き込む！

入る量
初めの量 ← 減る量
時間
出る量

HOP

【減る量＝出る量−入る量】　水が60L入っている水そうに給水管を使って毎分8Lずつ水を入れながら，排水ポンプで毎分13Lずつ同時に排水します。このとき，水そうは何分で空になるか求めなさい。

 さぁ，今日はニュートン算にチャレンジね！

あ！　ニュートンって人知ってる〜。リンゴの人だよね！

 そう。物知りだね！　アイザック＝ニュートンは，家の庭でリンゴが落ちる様子から『万有引力の法則』のヒントを得たと言われているね。

 アイザック＝ニュートンは，イギリスの数学者・物理学者・天文学者だニャ。

ふ〜ん。すごい人なんだね！
じゃあ今日はリンゴが落ちる問題をやるの？

 ふふ。残念ながら今日はリンゴの話じゃなくて，ニュートンが書いた本の中に出てくる問題にチャレンジしてみようか。上の問題を見てみて。

うわっ。上から水を入れながら下から水を出すの？
そんなことをしたらお母さんにしかられるよ！

 あはは。確かにそうだね。でも今とてもいいことを言ってくれたんだよ！
上から水を入れながら下から水を出す状況を図にしてみようか？

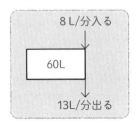

8L/分入る
60L
13L/分出る

お〜！　水そうみたいな図だね！　水そうに初めに入っている水の量は□の中に書くんだね。
あれ？　これ……，下から出す水の量が上から入る水の量より多いよ。

よく気づきました！　上から毎分8Lずつ水を入れながら下から毎分13Lずつ水を出すから，毎分13L − 毎分8L ＝ 毎分5Lずつ水そうの中の水が減っていくね。

なるほど〜。

ということは，水そうの中には初め60Lの水が入っているので，
60L ÷ 毎分5L ＝ 12分で水そうの中は空になるんだよ。

わかったよ。意外と簡単だ！

ふふ。よかった。じゃあさっきの図をさらに使いやすくしてみようか。

確かさっきの図には「毎分5L ずつ減る」を書いていなかったよね。

そうだね。出る量が入る量より多いから減るんだよね。
つまり，【減る量＝出る量−入る量】になる。これをさっきの図に書き込むと……，

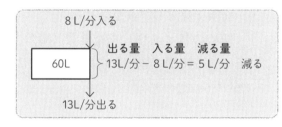

あ！　これって面積図なの？

大正解!! 初めの量（面積）÷毎分減る量（縦）＝空になるまでにかかる時間（横）になっているんだよ。

すご〜い!!

ポイントは，水そう図の中に
『初めの量』『入る量』『出る量』『減る量』の４つの量を書き込むことなの。
もう１回ここで水そう図の書き方を整理をしておこうか。

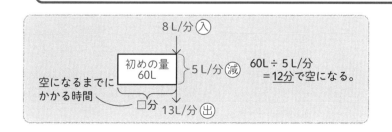

出る＝出　入る＝入
減る＝減と
書き込んでおくニャ。

【減る量＝出る量－入る量】 水が96L入っている水そうに給水管を使って毎分8Lずつ水を入れながら，排水ポンプで毎分14Lずつ同時に排水します。このとき，水そうは何分で空になるか求めなさい。

作業しよう

手順①

出－入＝減
だよね！

① 水そう図を書き，「初めの量」「入る量」「出る量」を書き込む。

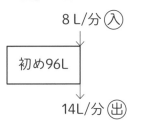

手順②

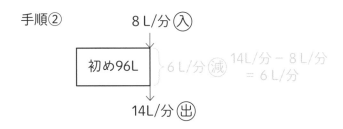

② 「減る量」を求める。

「出る量」から「入る量」を引いて，「減る量」を求めて水そう図に書き込む。

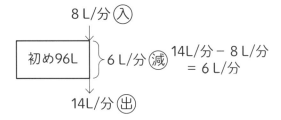

手順③

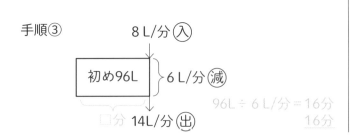

③ 面積÷縦をして横を求める。

初めの量（面積）を減る量（縦）で割って，空になる時間（横）を求める。

96l ÷6l/分＝<u>16分</u>

やってみよう！

水が120L入っている水そうに給水管を使って毎分5Lずつ水を入れながら，排水ポンプで毎分20Lずつ同時に排水します。このとき，水そうは何分で空になるか求めなさい。

[やってみよう！ 解答]　　　5L/分 入　　　120L÷15L/分＝<u>8分</u>

初め120L 〉15L/分 減

□分 20L/分 出

【ポンプの個数の差に注目】 ある水そうに水が900L入っています。今，水道管を使って毎分決まった量の水を入れながら，同時にポンプ2台で水をくみ出すと45分後に水そうは空になります。また，このポンプを3台にして水をくみ出すと25分後に水そうは空になります。では，このポンプを7台にすると何分後に水そうは空になるか求めなさい。

水そう図は書けるようになったかな。今度は上のニュートン算を解いてみよう。

よし！ まずは水そう図を書かないとね。えっと……，あれ？ ポンプが何台もあるよ。この問題は何個も水そう図を書くの？ わからないよ〜。

ごめんごめん。まずは，ポンプ2台の水そう図とポンプ3台の水そう図の2つの水そう図を書いてみようか。

入る量はわからないので，□L/分⊕とするニャ。

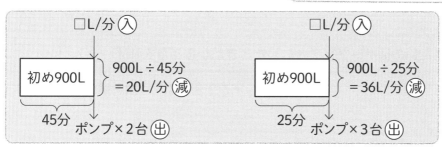

ふむふむ。左の水そう図と右の水そう図では『減る量』が違うね。

12

ニュートン算

そのとおり。じゃあなぜ減る量の違いが生じたかわかるかな？
2つの水そう図の『初めの量』と『入る量』は同じだよね。

あ！ そうか！ ポンプの数が違うからだ。
ポンプ3台のほうがポンプ2台より『出る量』がポンプ1台分多いんだね。

大正解!!
つまり，ポンプ1台で36L/分－20L/分＝16L/分の水を出すとわかるね。

お〜。これで『出る量』がわかったね。じゃあ，『入る量』もわかるのかな？

そうだね。ポンプ1台で16L/分の水を出すから，ポンプ2台なら16L/分×2台＝32L/分の水を出し，ポンプ3台なら16L/分×3台＝48L/分の水を出すよね。

そっか！ 今わかったことを2つの水そう図に書き込んでみると『入る量』が求められるのかな？

そのとおり！　『減る量』＝『出る量』－『入る量』だから，

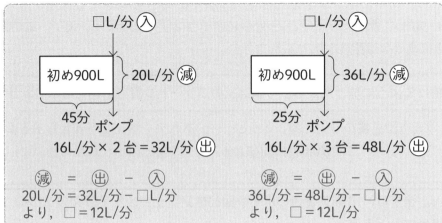

必ず2つの図に
わかった数量(減・出)
を書き込み，
(入)が同じ数量になる
ことを確かめるニャ。

お〜，『入る量』は12L/分とわかったね！
これで，『初めの量』『入る量』『出る量』が出たね。

うん。今求めたいのはポンプを7台にしたときだからどうすればいい？

ポンプ7台の水そう図を書けばいいのか!!

じゃあポンプ7台の水そう図を書いて解いてみようか。
ポンプ7台だと『出る量』は16L/分×7台＝112L/分だから，
『減る量』は毎分何Lになるかな？

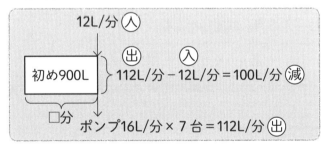

『減る量』＝『出る量』－『入る量』だから，
112L/分－12L/分＝100L/分ずつ減るんだね。

そう！　だから，900L÷100L/分＝9分で水そうは空になります。

やったー！　解けたね！

問題文の順序どおりに水そう図を3つ書いて解いていくのが大切だね。
水そう図を書く作業を面倒くさがらずに頑張ってみよう！

よし！　やってみる！

図を書いて作業力を身につけるニャ!!

【ポンプの個数の差に注目】　ある水そうに水が1200L入っています。今，水道管を使って毎分決まった量の水を入れながら，同時にポンプ3台で水をくみ出すと50分後に水そうは空になります。また，このポンプを5台にして水をくみ出すと20分後に水そうは空になります。では，このポンプを10台にすると何分後に水そうは空になるか求めなさい。

作業しよう

手順①

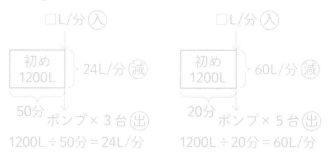

1200L ÷ 50分 = 24L/分　　1200L ÷ 20分 = 60L/分

手順②　60L/分 − 24L/分 = 36L/分…ポンプ2台
　　　　ポンプ1台は，36L ÷ 2台 = 18L/分

手順③

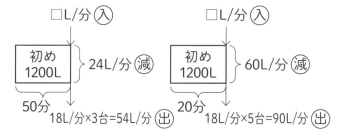

54L/分 − 24L/分 = 30L/分　　90L/分 − 60L/分 = 30L/分

手順④

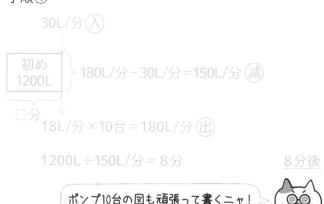

1200L ÷ 150L/分 = 8分　　　　　　　　　　8分後

ポンプ10台の図も頑張って書くニャ！

---

① 水そう図を2つ書く。

　まずは，ポンプ3台とポンプ5台の2つの水そう図を書き，「初めの量」と「空になるまでの時間」を書き込み，それぞれの水そう図の「減る量」を求める。

② ポンプ1台当たりの「出る量」を求める。

　2つの水そう図の減る量の差がポンプ何台分かを考え，ポンプ1台分の「出る量」を求める。
　60L/分 − 24L/分 = 36L/分…ポンプ5台とポンプ3台の差のポンプ2台分
　36L/分 ÷ 2台 = 18L/分…ポンプ1台分

③ 「入る量」を求める。

　2つの水そう図の中に，それぞれの「出る量」を書き込み，「入る量」を求める。
　18L/分 × 3台 − 24L/分 = 30L/分…「入る量」
　（18L/分 × 5台 − 60L/分 = 30L/分）

④ ポンプ10台の水そう図を書く。

　ポンプ10台の水そう図を書き，空になる時間を求める。
　1200L ÷ (18L/分 × 10台 − 30L/分) = 8分
　初めの量　　　出る量　　　入る量

ある水そうに水が540L入っています。今，水道管を使って毎分決まった量の水を入れながら，同時にポンプ2台で水をくみ出すと30分後に水そうは空になります。また，このポンプを5台にして水をくみ出すと10分後に水そうは空になります。では，このポンプを8台にすると何分後に水そうは空になるか求めなさい。

わかった数字（ポンプが出す水量）は，
図に書き込みながら解きましょう！

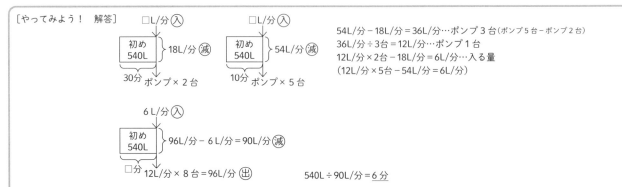

[やってみよう！　解答]

□L/分 入

初め
540L 〉18L/分 減

30分 ↓ ポンプ×2台

□L/分 入

初め
540L 〉54L/分 減

10分 ↓ ポンプ×5台

54L/分−18L/分＝36L/分…ポンプ3台（ポンプ5台−ポンプ2台）
36L/分÷3台＝12L/分…ポンプ1台
12L/分×2台−18L/分＝6L/分…入る量
（12L/分×5台−54L/分＝6L/分）

6L/分 入

初め
540L 〉96L/分−6L/分＝90L/分 減

□分 ↓ 12L/分×8台＝96L/分 出

540L÷90L/分＝6分

入試問題にチャレンジしてみよう!
(右側を隠して解いてみよう)

(1) ある水そうに毎分一定の割合で水を入れていきます。水は入れ続けたままで，その水そうがいっぱいになったときに何台かのポンプを使って水そうの水が空になるまでくみ出します。6台のポンプで水をくみ出すと8分で水そうは空になります。また，9台のポンプで水をくみ出すと4分で水そうは空になります。ただし，どのポンプも毎分一定の割合で水をくみ出し，その割合はすべて等しいものとします。

(鷗友学園女子中学校　2019)

① 1分間に入れる水の量は，ポンプ1台が1分間にくみ出す量の何倍ですか。

② 12台のポンプでくみ出すと何分何秒で 水そうは空になりますか。

---

(1)① 水そう図を2つ（ポンプが6台のときとポンプが9台のとき）書きます。
「初めの量」を，8分と4分の最小公倍数の8Lと仮定します。

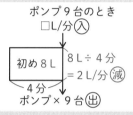

減る量の差＝ポンプ×3台（9台−6台）
ポンプ3台分は，2L/分−1L/分＝1L/分です。

ポンプ1台分は，1L/分÷3台＝$\frac{1}{3}$L/分の水を出します。

つまり毎分入る水の量□Lは，ポンプ6台のときで考えると　$\frac{1}{3}$L×6台−1L＝1L

〔ポンプ9台のときで確かめると，

$\frac{1}{3}$L×9台−2L＝1L〕

よって，1分間に入れる水の量1L/分は，ポンプ1台が1分間にくみ出す水の量$\frac{1}{3}$L/分の3倍です。　答え：　3倍

② ポンプが12台のときの水そう図を書きます。

8L÷3L/分＝$2\frac{2}{3}$分＝2分40秒

答え：　2分40秒

12
ニュートン算

13 集合算 ～条件を整理しよう～

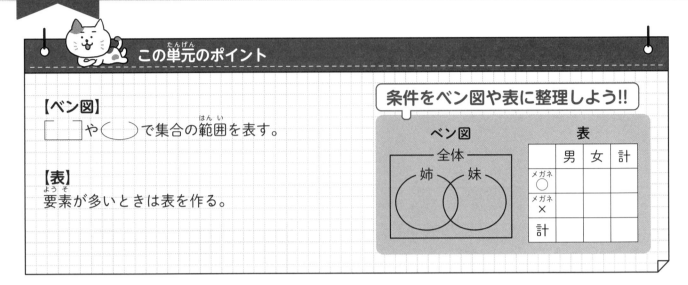

この単元のポイント

【ベン図】
□や◯で集合の範囲を表す。

【表】
要素が多いときは表を作る。

条件をベン図や表に整理しよう!!

	男	女	計
メガネ◯			
メガネ×			
計			

HOP

【ベン図】　45人のクラスで，姉がいる人は19人，妹がいる人は17人，姉も妹もいない人は18人います。姉も妹もいる人数を求めなさい。

 さて，いきなりだけどベン図って知っているかな？
ベン図はね, ある集合の範囲や関係を視覚化したものなんだよ。

『①数・割合・速さ』「04約数・倍数の利用」
（28ページ）でもやったよね。

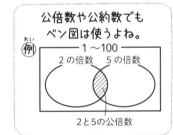 公倍数や公約数でも
ベン図は使うよね。

 じゃあ実際に書いてみようか。集合の範囲は□や◯で表すよ。
姉がいる人は19人だから姉19人，妹がいる人は17人だから妹17人と表そう。

 クラス全体はどう表すのかな？

 クラス全体は 全体45人 と表すよ。

 なるほど～。全体45人の中に姉19人と妹17人が入るんだね！
あれ？　でもさ，姉も妹もいる人たちってどうなるの？

 姉も妹もいる人たちは，姉19人と妹17人の集合が重なったところになるよ。
そして，姉も妹もいない18人は姉19人妹17人の外側になるの。

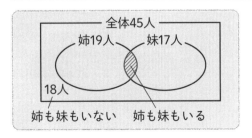

 ベン図はね，イギリスの数学者
ジョン・ベンが考え出した
集合の範囲を視覚化した図
なんだよ。

なるほどね〜。このベン図なら書けそうだよ！　今知りたいのは姉も妹もいる人たちだから
姉19人 と 妹17人 の重なりの ◎ の人数だね。あれ？　どうやって求めるんだろう……。

クラス全体が45人で，姉も妹もいない人は18人だから，姉 妹 全体は，
45人 − 18人 ＝ 27人 なのはわかるかな？

うん。わかる。

姉がいる19人 姉 と，妹がいる17人 妹 が重ならなければ，
全部で 19人 ＋ 17人 ＝ 36人 のはずだよね。

あ！　わかった‼　36人から重なり ◎ の分だけ減って 姉 妹 全体が27人に
なっているんだ！　だから，重なり ◎ は，36人 − 27人 ＝ 9人 ってこと？

大正解‼　答えは 9人 です。確かめもしてみようか。

確かめができるの？

もう一度ベン図を見てみようか。姉がいる19人の 姉 から重なりの ◎ を引いた
を㋐とするね。妹がいる17人の 妹 から重なりの ◎ を引いた を㋑とするよ。

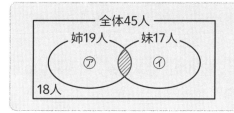

㋐は，19人 − 9人 ＝ 10人 だね。

そうだね。㋑は，17人 − 9人 ＝ 8人。
㋐ ＋ ◎ ＋ ㋑ ＋ 18人 ＝ クラス全体45人 になるはずだよね？

お〜！　㋐10人 ＋ ◎ 9人 ＋ ㋑ 8人 ＋ 18人 ＝ 45人 になっているよ‼
注意点はある？

クラス全体の人数の「45」人や，姉がいる集合の「19
人」，妹がいる集合の「17人」は，□ や ◯ の中
には書かずに枠に 全体45人 や 姉19人 のように書こうね。

了解〜。◯ の中に「19人」や「17人」を書くと，さっきの
㋐ や㋑ の人数とごっちゃになるよね。

良い例　　悪い例
姉19人　　姉
◯　　　19人
OK‼　　×

【ベン図】　48人のクラスで，兄がいる人は17人，弟がいる人は14人，兄も弟もいない人は23人います。兄も弟もいる人数を求めなさい。

 作業しよう

手順①

集合の輪は，上を少し開いておこう。

① ベン図を書く。

全体の枠を書き，その中に◯◯◯の集合を2つ重ねて書く。

手順②

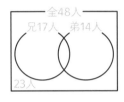

② ベン図にわかっている人数を書き込む。

ベン図に，全体48人，兄がいる人17人，弟がいる人14人，兄も弟もいない人23人の4つの数字を書き込む。

手順③　48人 − 23人 = 25人

③ ◯兄◯弟◯ の全体を求める。

48人 − 23人 = 25人

手順④　17 + 14 − 25 = 6（人）

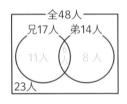

確かめをしよう！

6人

④ 兄も弟もいる人→重なりの ● を求める。

$$17 + 14 - 25 = \underline{6（人）}$$
◯兄 + ◯弟 − ◯兄●弟 = ●

ベン図の中に書き込み，確かめをする。
〔確かめ　23 + 11 + 6 + 8 = 48（人）〕

やってみよう！

36人のクラスで，姉がいる人は18人，妹がいる人は10人，姉も妹もいない人は12人います。姉も妹もいる人数を求めなさい。

[やってみよう！　解答]

全36人
姉18人　妹10人
12人

36 − 12 = 24
18 + 10 − 24 = 4（人）

【表】 ある中学校の全校生徒数は男子と女子合わせて720人です。この学校でメガネをかけている男子生徒と女子生徒の人数について調べました。この中学校の男子生徒の人数は生徒全体の $\frac{3}{5}$，メガネをかけている生徒は生徒全体の $\frac{2}{3}$，メガネをかけている男子生徒は生徒全体の $\frac{4}{9}$ のとき，メガネをかけていない女子生徒の人数を求めなさい。

さてもう1問集合の問題を解いてみようか。

よっしゃ！ ベン図を書いてみるね。あれ……？ 男子と女子，メガネをかけている生徒とメガネをかけていない生徒，何かいろいろいるよ……。ベン図が書けないよ～。

そうだね。こんなふうに要素がいろいろある場合はベン図ではなく表に整理するとわかりやすいんだよ。

へ～。表か～。どうやって書くの？

下の表を見てみようか。男子・女子・メガネをかけている・メガネをかけていないの4要素がわかるようにしてみたよ。

お～なるほど！

	男子	女子	計
メガネ○	ア	イ	ウ
メガネ×	エ	オ	カ
計	キ	ク	ケ

アはメガネ男子，イはメガネ女子，ウはメガネをかけている生徒全体，エはメガネをかけていない男子，オはメガネをかけていない女子，カはメガネをかけていない生徒全体だよ。

なるほど！ ということは，キは男子生徒全体，クは女子生徒全体，ケは全校生徒だ!!

そのとおり!! じゃあ表を埋めていこうか。全校生徒数は720人だからケに720人が入るね。男子生徒の人数は生徒全体の $\frac{3}{5}$ だから，720人× $\frac{3}{5}$ ＝432人がキだね。

	男子	女子	計
メガネ ○	㋐	㋑	㋒
メガネ ×	㋓	㋔	㋕
計	㋖ 432人	㋗	㋘ 720人

表が少しずつ埋まってきたね。あ！　女子生徒の人数がわかりそうだよ。
女子生徒は，全校生徒数ー男子生徒だよね？

 そのとおり！　女子生徒の㋗は㋘720人ー㋖432人＝288人。メガネをかけている

生徒の㋒は生徒全体の$\frac{2}{3}$だから，720人×$\frac{2}{3}$＝480人，メガネをかけていない

生徒㋕は㋘720人ー㋒480人＝240人。

わ！　すごい！　だいぶ埋まったよ。あとわかるのは……，
メガネをかけている男子生徒は生徒全体の$\frac{4}{9}$だから，720人×$\frac{4}{9}$＝320人が㋐だね！

	男子	女子	計
メガネ ○	㋐ 320人	㋑	㋒ 480人
メガネ ×	㋓	㋔	㋕ 240人
計	㋖ 432人	㋗ 288人	㋘ 720人

表のメリットの1つは，縦・横に見やすいことだよ。
㋒＋㋕＝㋘
㋖＋㋗＝㋘
㋐＋㋑＝㋒
㋐＋㋓＝㋖
⋮

 今知りたいのはメガネをかけていない女子生徒の人数㋔だね。㋐が320人だから
㋑は㋒480人ー㋐320人＝160人，㋔は㋗288人ー㋑160人＝**128人**です。

	男子	女子	計
メガネ ○	㋐ 320人	㋑ 160人	㋒ 480人
メガネ ×	㋓	㋔ 128人	㋕ 240人
計	㋖ 432人	㋗ 288人	㋘ 720人

お〜！　表ってすごいね！　いもづる式にドンドン出てくるね〜。

 そうだね。確かめもしやすいんだよ。㋓は，㋕ー㋔でも㋖ー㋐でも求め
られるよね？　どちらの計算でも同じ答えになるかを確認してみよう。

オッケー。やってみるね。㋕240人ー㋔128人＝112人。㋖432人ー㋐320人＝112人。
どちらでも㋓は112人になったよ！

 よくできました！

確かめもしようね!!

【表】　ある中学校の全校生徒数は男子と女子合わせて900人です。この学校でペットを飼っている男子生徒と女子生徒の人数について調べました。この中学校の男子生徒の人数は生徒全体の$\frac{5}{9}$，ペットを飼っている生徒は生徒全体の$\frac{4}{25}$，ペットを飼っている男子生徒は生徒全体の$\frac{1}{10}$のとき，ペットを飼っていない女子生徒の人数を求めなさい。

 作業しよう

手順①

表はなるべく
大きく書こう！

① 縦・横4マスずつ（4×4）の表を書く。

手順②

空欄だよ。

② 表に要素を書き込む。
表の一番左上は空欄にし，一番上の段の左から，「男子，女子，計」を，一番左の列の上から「ペット○，ペット×，計」を書き込む。

③ 問題文からわかる人数を表に書き込む。
全校生徒900人は一番左下に書き込む（ケ）。

（男子）$900 \times \frac{5}{9} = 500$（人）…キ

（女子）$900 - 500 = 400$（人）…ク

（ペット○）$900 \times \frac{4}{25} = 144$（人）…ウ

（ペット×）$900 - 144 = 756$（人）…カ

（ペット○の男子）$900 \times \frac{1}{10} = 90$（人）…ア

手順③

	男子	女子	計
ペット○	㋐ 90人	㋑	㋒ 144人
ペット×	㋓	㋔	㋕ 756人
計	㋖ 500人	㋗ 400人	㋘ 900人

$900 \times \frac{5}{9} = 500$（人）
$900 - 500 = 400$（人）
$900 \times \frac{4}{25} = 144$（人）
$900 - 144 = 756$（人）
$900 \times \frac{1}{10} = 90$（人）

手順④

	男子	女子	計
ペット○	㋐ 90人	㋑ 54人	㋒ 144人
ペット×	㋓ 410人	㋔ 346人	㋕ 756人
計	㋖ 500人	㋗ 400人	㋘ 900人

表の上から下，
左から右へ足し算を
して合っているか
確かめよう！

④ 表の残りのスペースを，計算して埋めていく。
ペット×の女子は，上から3段目の真ん中。
表の残りを埋める。

（ペット○の女子）$144 - 90 = 54$（人）…イ

（ペット×の男子）$500 - 90 = 410$（人）…エ

（ペット×の女子）$756 - 410 = \underline{346}$（人）…オ
（または，$400 - 54 = \underline{346}$（人））

$144 - 90 = 54$（人）
$500 - 90 = 410$（人）
$756 - 410 = 346$（人）

346人

13

集合算

ある中学校の全校生徒数は男子と女子合わせて480人です。この学校で電車通学をしている男子生徒と女子生徒の人数について調べました。この中学校の男子生徒の人数は生徒全体の $\frac{5}{12}$，電車通学をしている生徒は生徒全体の $\frac{2}{5}$，電車通学をしている女子生徒は生徒全体の $\frac{5}{16}$ のとき，電車通学をしていない男子生徒の人数を求めなさい。

表を書こう。
すべてのマスを埋めると、
確かめになるニャ。

［やってみよう！　解答］

	男子	女子	計
電◯	42人	150人	192人
電×			288人
計	200人	280人	480人

$480 \times \frac{5}{12} = 200$（人）…男子の計

$480 - 200 = 280$（人）…女子の計

$480 \times \frac{2}{5} = 192$（人）…電◯の計

$480 - 192 = 288$（人）…電×の計

$480 \times \frac{5}{16} = 150$（人）…電◯の女子

$192 - 150 = 42$（人）…電◯の男子

$200 - 42 = \underline{158}$（人）…電×の男子

158人

(1) ある学年の生徒300人に通学手段と通学時間についてのアンケートを行いました。アンケートには「はい」か「いいえ」のどちらかで回答してもらいました。「通学手段に電車を使いますか」という質問に「はい」と答えた生徒の人数は全体の84％で，「通学時間は45分未満ですか」という質問に「はい」と答えた生徒の人数は全体の80％でした。また，通学手段に電車を使わず，通学時間が45分以上の生徒の人数は6人でした。次の問いに答えなさい。

（立教池袋中学校　2023 第1回）

① 通学手段に電車を使わず，通学時間が45分未満の生徒の人数は全体の何％でしたか。

② 通学手段に電車を使い，通学時間が45分未満の生徒の人数は何人でしたか。

(2) ある町で猫を飼っている世帯数は，犬を飼っている世帯数の1.2倍でした。また，猫と犬をどちらも飼っている世帯数は12で，猫を飼っている世帯数の5％でした。この町で犬だけを飼っている世帯数を求めなさい。

（青稜中学校　2022　第1回B）

---

(1) 縦，横4マスずつ(4×4)の表を書きます。

	電車○	電車×	計
45分未満○	ア	イ	ウ 240人
45分未満×	エ	オ 6人	カ 60人
計	キ 252人	ク 48人	ケ 300人

電車○（キ）は，300人 × 0.84 ＝ 252人。

電車×（ク）は，300人 － 252人 ＝ 48人。

45分未満○の計（ウ）は，300人 × 0.8 ＝ 240人。

45分未満×の計（カ）は，300人 － 240人 ＝ 60人。

問題文の「通学手段に電車を使わず，通学時間が45分以上の生徒6人」は，電車×で45分未満×の（オ）が6人ということになります。

①電車×で45分未満○（イ）は，

$$\underset{（ク）}{48人} － \underset{（オ）}{6人} ＝ 42人。$$

42人は全体300人の，42÷300＝0.14なので，14％。

答え： 14%

②電車○で45分未満○（ア）は，

$$\underset{（ウ）}{240} － \underset{（イ）}{42} ＝ 198（人）。$$

（エは，$\underset{（カ）}{60} － \underset{（オ）}{6} ＝ 54（人）$　$\underset{（キ）}{252} － \underset{（エ）}{54} ＝ \underset{（ア）}{198（人）}$）

答え： 198人

(2) 縦，横4マスずつ(4×4)の表を書きます。

	猫○	猫×	計
犬○	12件	～～～	イ ⑤件
犬×			
計	ア ⑥件		

猫○の計（ア）は，犬○の計（イ）の1.2倍なので，

ア：イ ＝ 1.2：1 ＝ 12：10 ＝ 6：5

ア＝⑥件，イ＝⑤件とすると，猫○犬○の12件は，⑥の5％なので，⑥ × 0.05 ＝ ⓪③。

⓪③ ＝ 12件

12 ÷ 0.3 ＝ 40件…①

犬を飼っている⑤件は，40 × 5 ＝ 200（件）。

つまり，犬○猫×（犬だけ飼っている）は，

200 － 12 ＝ 188（件）。

答え： 188件

この単元のポイント

【端から端まで木を植える】

木の本数－1＝間の数

【池の周りに木を植える】

木の本数＝間の数

【丸太を切る】

木の本数－1＝切る回数

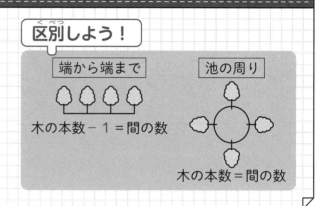

区別しよう！

端から端まで

木の本数－1＝間の数

池の周り

木の本数＝間の数

HOP

【端から端まで木を植える】 長さ18メートルの歩道に端から端まで桜の木を植えていきます。桜の木を3メートルおきに植えるとき必要な本数を求めなさい。

 歩道に一定の間隔で街路樹が植えられているのを見たことはあるかな？

あるよ〜。
桜の木やイチョウの木やポプラの木もあるよね。

 お。よく見ているね。
じゃあ上の問題は解けるかな？

これは簡単！
18÷3＝6 だから，6本だよ！

 う〜ん，残念！ 不正解です。

え！ うそ！ 何で？

 じゃあ，ちょっと左手でパーを作ってみてくれる？

え？ こう？

 そう！ さて，左手をパーにしたとき，指は5本あるよね。
じゃあ，指と指の間の数はいくつ？

えっと，指と指の間は4か所だよ。あ!! そっか！

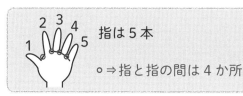

指は5本

○⇒指と指の間は4か所

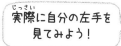

実際に自分の左手を見てみよう！

気づいたね。
指は端から端まで5本あるけど，指と指の間の数は4つ。
つまり，指の本数−1＝間の数になっているね。

本当だ！
じゃあ，さっきの，18÷3＝6の6は……，
あれ？
間の数なの？

6は，18メートル÷3メートルの答えだよね？　ということは，
18メートルの中に3メートルの間隔が6個あるってことじゃない？

そっか！
18と3についている単位を考えるとわかるね。

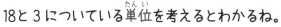

6は間の数である，ことを実際に図に書いて確認してみようか？

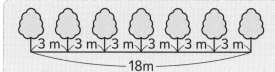

18m ÷ 3 m ＝ 6 …間の数

本当だ！
間の数が6個だ。
木は端から端まで植わっているから……，

木の本数−1＝間の数で考えると，木の本数−1＝6だから木の本数は <u>7本</u> だね。

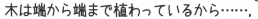

正解！
実際に図の中の木の本数を数えてみると7本になっているよね。

【端から端まで木を植える】　長さ24メートルの歩道に端から端まで桜の木を植えていきます。桜の木を 3 メートルおきに植えるとき必要な本数を求めなさい。

 **作業しよう！**

手順①

24m

① **歩道の長さを横線で表す。**

横に長い線を書き，両端に縦線（丨）で木を書く。両端の木と木の間に24mを書き込む。

手順②

求めたものが，間の数か木の数かを確認。

24m÷3m＝8…間の数

3 m

24m

② **間隔の個数を求める。**

24mの中に3mの間隔が何個できるか求める。

24m÷3m＝8 間隔

3 m を 8 個書き込む。

手順③

間の数が少ないときは，必ず図を書こうね！

3 m

24m

8＋1＝9

③ **木の本数を求める。**

残りの木を書き込む。木が端から端まであるので，

木の数－1＝間の数より

木は， 8＋1＝9 （本）。
　　　　間の数

9 本

長さ48メートルの歩道に端から端まで桜の木を植えていきます。桜の木を 4 メートルおきに植えるとき必要な本数を求めなさい。

［やってみよう！　解答］

4 m

48m

48m÷4m＝12（間の数）
12＋1＝13（本）

【池の周りに木を植える】　周囲の長さ18メートルの池の周りに，桜の木を 3 メートルおきに植える とき必要な本数を求めなさい。

さて，今度は池の周りに木を植える植木算をやってみようか。

池の周り？　あ。池の周囲はさっきの歩道と同じ18メートルだね。 う～ん……，歩道の端から端まで木を植えるのと何か違うの？

実はね，重要な違いがあるんだよ。18メートル÷3 メートル＝6 だから，木と木 の間の間隔は 6 個だよね。つまり，間の数は端から端まで木を植える場合と同じ。 じゃあ何が違うのかを図を書いて確認してみようか。

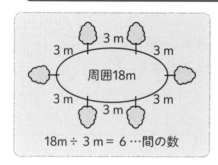

実際に図を書くと 木の本数と間の数の 関係がわかりやすいよね。

ふむふむ。間の数は 6 個で，木の本数……も 6 本だ !!

そう！　池などの円や四角形の周りに木を植える場合は，木の本数＝間の数になるんだよ。

え？　四角形でも？

たとえば，縦が 3 メートル，横が 6 メートルの周囲18メートルの長方形の土地 の周りに 3 メートルおきに木を植えると，下の図のようになるよね？

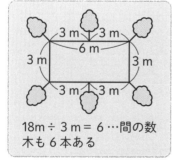

まとめておこう！ 池の周りに木を植えるとき └→木の本数＝間の数

なるほど！　円も四角形も，『周囲に等間隔で木を植える』という意味では同じなんだね！

正解!!　周囲に等間隔で木を植える場合は，木の本数＝間の数です。

よ～し！ じゃあ，『端から端まで等間隔で木を植える』のか， 『周囲に等間隔で木を植える』のか，に注意しながら演習してみよう！

14

植木算

【池の周りに木を植える】　周囲の長さ20メートルの池の周りに，桜の木を４メートルおきに植えるとき必要な本数を求めなさい。

作業しよう

手順①

① 池を円で表す。

円を書き，円の中に池の周囲20mを書き込む。

手順②

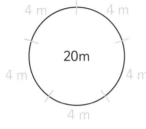

20m÷4m＝5…間の数

② **間隔の個数を求める。**

20mの中に，4mの間隔が何個できるかを求める。

20m÷4m＝5間隔

円周を5等分する。

手順③　木の数＝間の数＝5

5本

③ 池の周りに木が植えられているので，

木の数＝間の数なので，

木は5本。

やってみよう！

周囲の長さ56メートルの池の周りに，桜の木を７メートルおきに植えるとき必要な本数を求めなさい。

[やってみよう！　解答]

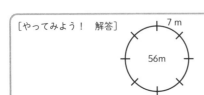

56m÷7m＝8…間の数
池の周りなので，木の数も8本。

114

【丸太を切る】長さ12メートルの丸太を2メートルずつに切り分けるとき，1回切るのに4分かかり，1回切るごとに3分休憩をします。全部切り終わるのにかかる時間を求めなさい。

 長さ12メートルの丸太を2メートルずつに切り分けると，2メートルの丸太は何本できるかな？

えっと……，12メートル÷2メートル＝6本できるよね？

 正解。じゃあ，6本に切り分けるとき，何回切るかわかるかな？

6本に切り分けるから6回切るわけじゃないの？　あれ？

 たとえば，1本の棒を真ん中で1回切ると2本になるよね？　ということは，2回切ると3本。3回切ると4本。4回切ると5本。5回切ると6本になるよね。

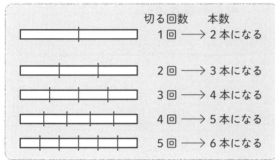

お～！　なるほど！

 6本に切り分けるときは5回切ればよい。つまり，植木算の『端から端まで等間隔で木を植える』ときの木の本数−1＝間の数の考え方だよ。切る回数は間の数だから，6−1＝5(回)だ。

本当だ！　ということは，切るのにかかる時間は4分×5回＝20分だ！
あとは，休憩時間を考えるんだね。

 そのとおり。5回切るときは，全部切り終わるまでに何回休憩するかな？

5回休憩しないの？　……そっか‼　5回目の後に休憩はないのか！
ということは……，休憩は切る回数−1だから，5−1＝4回だ。

 大正解‼ 切るのにかかる時間は4分×5回＝20分，休憩時間は3分×4回＝12分。
つまり全部切り終わるのにかかる時間は，20分＋12分＝**32分**です。

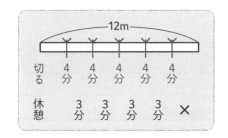

図を書いて「切る4分」と「休憩3分」を書き込んでみよう！

植木算の考え方って，こんなふうに使う場合もあるんだニャ。

14
植木算

【丸太を切る】 長さ15メートルの丸太を 3 メートルずつに切り分けるとき，1 回切るのに 6 分かかり，1 回切るごとに 2 分休憩をします。全部切り終わるのにかかる時間を求めなさい。

作業しよう

手順① 15m÷3m＝5 本

手順②

3 m ─── 15m

5－1＝4 （回）…切る

手順③

3 m ─── 15m

切る 6 6 6 6
分 分 分 分

休憩 2 2 2 ×
分 分 分

最後に切った後は，休憩は不要だよ！

手順④ 6 分×4 回＋2分×3 回＝30分

30分

① 何本に分かれるかを求める。

15mの丸太は，3mの丸太何本になるかを求める。

15m÷3m＝5 本。

② 図を書いて切る回数を求める。

─ 15m ─ の丸太の図を書き，5 等分する。切るのは 5－1＝4 （回）。

③ 図の中の切れ目 4 か所に，切る時間と休憩時間を書き込む。

④ 「全部切り終わる」のにかかる時間を計算する。

切る 6 分×4 回＝24分
休憩 2 分×3 回＝6 分

24分＋6 分＝30分。

やってみよう！

長さ28メートルの丸太を 4 メートルずつに切り分けるとき，1 回切るのに 5 分かかり，1 回切るごとに 3 分休憩をします。全部切り終わるのにかかる時間を求めなさい。

[やってみよう！ 解答]

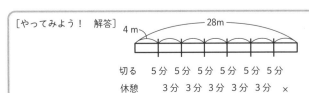

28m÷4m＝7 本
切るのは 7－1＝6(回)。
5 分×6 回＋3分×5 回＝45分。

入試問題にチャレンジしてみよう!
(右側を隠して解いてみよう)

(1) 180m離れた2本の木の間に9本の木を植えます。同じ間隔で植えるとき，木と木の間隔は□mです。

（学習院中等科　2022　第1回）

(1) 図を書きます（本数が少ないので）。

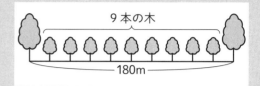

木は，端から端までで，2本＋9本＝11本あります。

木と木の間隔は11－1＝10（個）

180m÷10個＝18m

答え：　18

(2) 池の周りに30本の木を植えます。木と木の間隔は5mの所が20か所，残りはすべて2mとしたとき，池の周りは何mですか。

（聖セシリア女子中学校　2022　A第2回）

(2) 池の周りに木を植えるので，

木の本数＝間隔の数です。
　30本　　　　30個

間隔5m×20個＋間隔2m×（30個－20個）

＝120（m）

答え：　120m

(3) 木が何本かあります。ある池の周りに沿って等間隔に木を植えていきます。間隔を5mにすると木は12本余り，間隔を3mにすると木は8本足りなくなります。このとき，池の周りの長さは□mです。

（山手学院中学校　2022　A）

(3) 池の周りに木を植えるので，

木の本数＝間隔の数です。

5m間隔だと12本余り，3m間隔だと8本不足なので，必要な本数の差は12＋8＝20（本）です。

池の周りは，必ず5mと3mの公倍数なので，池の周りの長さを最小公倍数15mとすると，

```
　　　　　　　　　　間隔　　　　　木
　{ 15m÷5m＝3個 ──→ 3本 }
　{ 15m÷3m＝5個 ──→ 5本 }　2本差
```

15mにつき，2本の差が生じるので，

```
　　　　　池の周り　　必要な本数の差
　　　　　　15m ──→ 2本差
　×10 {　　　　　　　　　　　} ×10
　　　　　150m ──→ 20本差
```

答え：　150

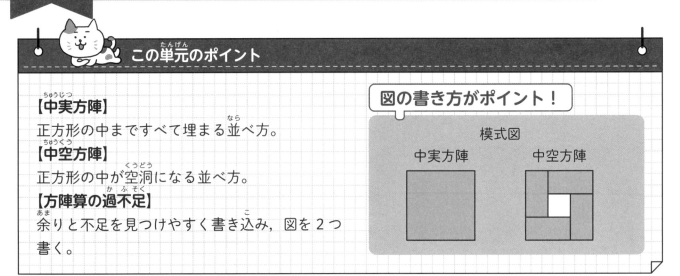

この単元のポイント

【中実方陣】
正方形の中まですべて埋まる並べ方。

【中空方陣】
正方形の中が空洞になる並べ方。

【方陣算の過不足】
余りと不足を見つけやすく書き込み，図を2つ書く。

図の書き方がポイント！

模式図

中実方陣　　　　中空方陣

HOP

【中実方陣】　ご石を中実方陣に並べたら外側1周りには56個のご石が並びました。ご石は全部で何個並んでいるか求めなさい。

いきなりだけど……，方陣って知っている？
方陣は，正方形・長方形の形の陣形をいうんだよ。

「陣」とは並べ方，配置のこと。
スポーツの試合などで
円（輪）の形に並ぶことを
「円陣を組む」というニャ。

ふーん。

今日は正方形の形に並べる方陣の問題を一緒に解いてみようね。
方陣には中実方陣と中空方陣があるんだよ。まずは中実方陣を解いてみよう。

中実方陣って何？

中実方陣はね，読んで字のごとく中まですべてぎっしり身がつまっている方陣なんだ。
たとえば，ご石を一辺4個の中実方陣に並べると下のようになるよ。

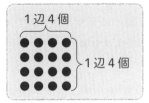

1辺4個

1辺4個

ふ～ん。

じゃあ，この1辺4個の中実方陣の一番外側1周りには
何個のご石が並んでいるかを考えてみようか。

簡単だよ～。1辺4個だから，4個×4辺＝16個!!

じゃあ，合っているか実際に数えてみてごらん？ 一番外側1周りは何個ある？

疑うなんてひどいな～。数えるよ！
1，2，3，……あれ？ 12個しかないよ……。何で？

何で1辺4個×4辺にならないかを下の図を見ながら考えてみよう。確かに1辺は4個だけど 4辺すべてを4個ずつで考えると，方陣の四つ角をダブって数えてしまうよね？

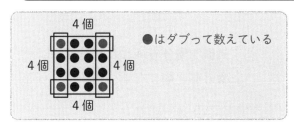
4個
4個　4個
4個
●はダブって数えている

4個×4辺からダブって数えている●4個を引く方法もあるよ。
4個×4辺－4個＝12個

本当だ～！ じゃあどうすれば間違えないのかな？

四つ角をダブって数えないようにちょっと工夫してみよう。下のように（4個－角の1個）×4辺＝12個と考えるとわかりやすいよ。

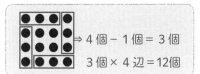
⇒ 4個－1個＝3個
　 3個×4辺＝12個

お～!! なるほど！
じゃあ問題の外側1周りも
同じように考えればいいんだね！
でも……，56個も●を書くの？

さすがに●を56個も書くのは大変だから，書きやすい模式図にしてみようか。
1辺に並んでいるご石を□個とすると，（□個－角の1個）×4辺＝56個だよね。

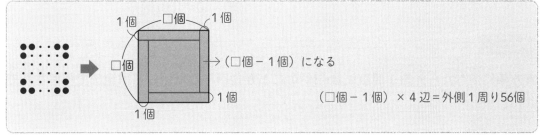
1個　□個　1個
□個　→（□個－1個）になる
1個
1個
（□個－1個）×4辺＝外側1周り56個

この図なら書きやすいね！ 逆算すると，
56個÷4辺＝14個が（□個－角の1個）だから□個は14個＋1個＝15個だ！

そのとおり!! 1辺が15個の中実方陣だから，ご石は全部で
15個×15個＝225個並んでいます。

なるほど～。簡単な模式図を書いてから式を立ててみるとわかりやすいね！
これならできそうだよ！

STEP

【中実方陣】　ご石を中実方陣に並べたら外側1周りには36個のご石が並びました。ご石は全部で何個並んでいるか求めなさい。

 作業しよう

手順①

ご石が並ぶ所に斜線を引こう。

① 中実方陣の模式図 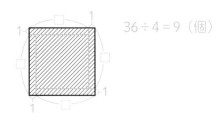 を書く。

手順② 36 ÷ 4 = 9（個）

② 外側1周りを4つに等分する。

一番外側1周りを4つ角がダブらないように

4つに分ける。

×4＝36個なので

は 36 ÷ 4 = 9（個）と求まる。

手順③ 9 + 1 = 10（個）

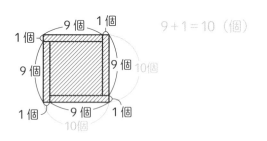

③ 元の中実方陣の1辺の個数を求める。

9個 + 1個 = 10個（1辺）

手順④ 10 × 10 = 100

100個

④ ご石の総数を計算する。

中実方陣に並んでいるご石全体の個数を求める。

10 × 10 = 100（個）。

やってみよう！

ご石を中実方陣に並べたら外側1周りには68個のご石が並びました。ご石は全部で何個並んでいるか求めなさい。

よく出る平方数は覚えておくといいよ。
11 × 11 = 121 　　12 × 12 = 144 　　13 × 13 = 169
14 × 14 = 196 　　15 × 15 = 225 　　16 × 16 = 256
17 × 17 = 289 　　18 × 18 = 324 　　19 × 19 = 361

［やってみよう！　解答］

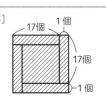

68 ÷ 4 + 1 = 18（個）（1辺）
18 × 18 = 324（個）。

【中空方陣】 ご石を1辺8個で幅3列の中空方陣に並べました。ご石は全部で何個並んでいるか求めなさい。

次は中空方陣だよ。

中実方陣は中までぎっしりとつまった並べ方だったよね。中空方陣はどんな並べ方なの？

中空方陣も読んで字のごとく，中が空洞になっている方陣なんだ。
たとえば1辺5個で幅2列の中空方陣は下のようになるよ。

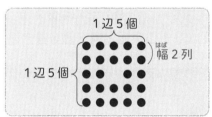

ふむふむ。なるほど。これも全部●を書くのは大変だよね。
さっきみたいに簡単な模式図にできるのかな？

うん。簡単な模式図にしてから全部で何個のご石が並んでいるかを考えてみよう。
この中空方陣はたたみのように同じ大きさの長方形4個に分けることができるんだよ。

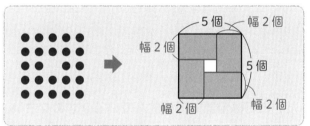

中空方陣は真ん中にこたつがあるたたみの部屋みたいだね。

 が4つに分けられたね。

わ！ すごい！

ということは，ご石は全部で (2×3)×4＝24個だ！

正解!! じゃあ，1辺8個で幅3列の中空方陣の模式図を書いてご石全体の個数を求めてみよう。

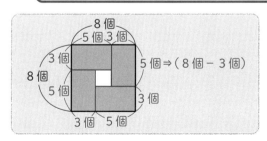

には3個×5個＝15個のご石があるから，ご石は全部で 15個×4＝<u>60個</u>だ！

15
方陣算

STEP

ご石を1辺7個で幅2列の中空方陣に並べました。ご石は全部で何個並んでいるか求めなさい。

 作業しよう

手順①

ご石が並ぶ所に
斜線を引こう。
中空方陣は
真ん中は空だよ。

① 中空方陣の模式図 を書く。

手順②

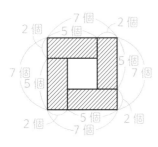

7個
2個 2個
2個 5個
5個
7個 5個
5個 7個
2個 2個
5個
7個

$2 \times (7 - 2) = 10$（個）

② 模式図を4つの長方形に等分する。

模式図に，1辺7個と幅2個を書き込み，

の長方形1つ当たりのご石の個数を

求める。

$2 \times (7 - 2) = 10$（個） … 2個 5個 10個

手順③ $10 \times 4 = (40$個$)$

40個

③ ご石の総数を計算する。

中空方陣に並んでいるご石全体の個数を求める。

$10 \times 4 = \underline{40}$（個）

やってみよう！

ご石を1辺10個で幅4列の中空方陣に並べました。ご石は全部で何個並んでいるか求めなさい。

［やってみよう！ 解答］

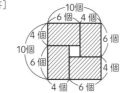

10個
6個 4個
4個
10個 6個
6個
4個 6個

$4 \times 6 = 24$（個）
$24 \times 4 = \underline{96}$（個）

HOP

【方陣算の過不足】　ご石を中実方陣に並べたところ，10個余りました。そこで，縦も横も1列ずつ増やそうとしましたが7個足りません。ご石の総数を求めなさい。

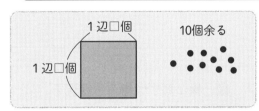

さて，次は余りや不足が出る方陣算の模式図の書き方にトライしてみよう。
まずは順番に状況整理をしながら模式図にするよ。
まず，1辺□個の中実方陣を書いてみよう。このとき，10個余っているんだよね。

書いたよ。で，縦も横も1列ずつ増やしたいんだけど7個足りないと……。

そう。さっきの図に状況を書き加えてみよう！

余りは実線 □
不足は点線 ┈
にすると見やすいよ。

あ！　だいぶ見やすくなってきたよ。

┃￣の部分が全部あった場合の個数は，余り10個＋不足7個＝17個だね？

そのとおり！　┏┛の右下の角は1個だから，元の1辺□個は，

（17個 − 1個）÷ 2辺 ＝ 8個です。

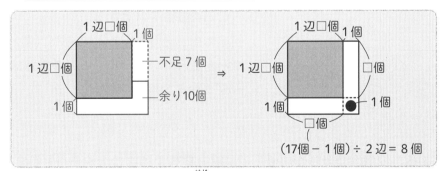

面倒でも，左のように図を2つ書こうね！

つまり，初めに並べた中実方陣のご石は，8個×8個＝64個だね。

そうだね。なので，ご石の総数は，64個＋余り10個＝74個になりますね。

そっか！　順序通りに模式図を書くとわかりやすいんだね！
よし!!　演習してみよう！

【方陣算の過不足】　ご石を中実方陣に並べたところ，8個余りました。そこで，縦も横も1列ずつ増やそうとしましたが5個足りません。ご石の総数を求めなさい。

作業しよう

手順①

① 初めに並べた1辺□個の中実方陣の模式図を書く。

手順②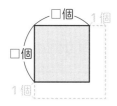

② 縦，横1列ずつ増える状況を点線 で書き足す。

手順③

余り8個は実線に，不足5個は点線にしよう！不足部分にはご石はないニャ。

③ 余りと不足を見やすく書き足す。

の中に余り8個と不足5個を書き入れる。

手順④

8 + 5 = 13（個）

（13個 − 1個）÷ 2

　　 = 6個 … □個

④ 初めの中実方陣の1辺の個数を求める。

は，8 + 5 = 13（個）なので，初めの中実方陣の1辺□個を求める。

手順⑤ 6 × 6 + 8 = 44

44個

⑤ ご石の総数を計算する。

初めの中実方陣には，6 × 6 = 36（個）のご石が並んでいるので，ご石の総数は，

36個 + 余り8個 = 44個。

やってみよう！

ご石を中実方陣に並べたところ，12個余りました。そこで，縦も横も1列ずつ増やそうとしましたが15個足りません。ご石の総数を求めなさい。

［やってみよう！　解答］

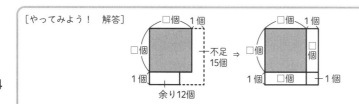

（12 + 15 − 1）÷ 2 = 13（個）… □個

13 × 13 + 余り12 = 181（個）

JUMP!

入試問題にチャレンジしてみよう！
（右側を隠して解いてみよう）

(1) 同じ大きさの◻️個のおはじきを正方形の形にすき間なくしきつめたところ，一番外側のひとまわりのおはじきの数の合計は44個でした。

（立教女学院中学校　2023）

(2) 白と黒のご石で正三角形を作ります。並べ方は外側のご石は白で，内側を黒にします。右の図は内側のご石が10個の場合です。内側の黒のご石が45個の場合，外側の白のご石は全部で何個ありますか。

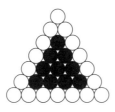

（公文国際学園中等部　2016　B入試）

(3) 正方形の辺に沿ってご石を並べて，中の空いた正方形を作ります。図1は一番内側に並べる1列のご石を表し，この外側に列を増やしていきます。図2，図3はそれぞれご石を2列，3列並べたものです。

（学習院女子中等科　2009）

図1　　　図2　　　図3

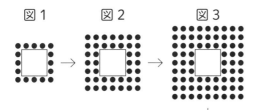

一番外側の列に並ぶご石の数が200個になるのは，ご石を何列並べたときですか。

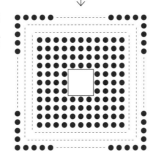

(1) 中実方陣の模式図を書きます。

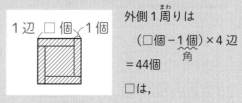

外側1周りは
$$(□個 - 1個) × 4辺 = 44個$$
（角）

□は，

$$44 ÷ 4 + 1 = 12個 … 1辺$$

よって，おはじきの総数は$12 × 12 = 144$（個）

答え：　144

(2) 模式図を書きます。

『①数・割合・速さ』「08規則性③」（55ページ）の規則性の三角数を参照するニャ。

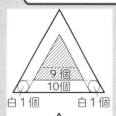

黒は45個なので，

$$1個 + 2個 + 3個 + …… + 9個 = 45個$$

より，9段並べているとわかります。

つまり，正三角形の一番下の段（白）は，

$$10 + 2 = 12（個）です。$$

外側1周りに並ぶ白は，

$$(12 - 1)個 × 3辺 = 33個$$

答え：　33個

(3) 中空方陣の模式図を書きます。

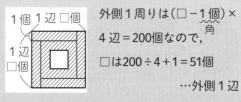

外側1周りは$(□ - 1個) × 4辺 = 200個$なので，（角）

□は$200 ÷ 4 + 1 = 51個$

…外側1辺

図1〜3を見ると，外側の1辺と列（幅）は，次のようになっています。

	図1	図2	図3……問題の状況
外側の1辺	5個	7個	9個……51個
	+2個	+2個	
列（幅）	1列	2列	3列……◻️列

外側の1辺は，5個から2個ずつ増える等差数列のため$(51 - 5) ÷ 2 + 1 = 24$（列）

答え：　24列

16 日暦算 ～何日目？ 何日後？～

この単元のポイント

【今日から数えて何日目】
今日を含んで考える。

【今日の何日後】
今日を含まず，翌日から考える。

【この日は何曜日？】
1週間は7日間1周期であることを利用する。

この作業ができるようになろう！

5/105 → 6/74 → 7/44 → 8/13
　　　 −31日　 −30日　 −31日

9/2 → 8/33 → 7/64 → 6/94 → 5/125
　　 +31日　 +31日　 +30日　 +31日

HOP

【今日から数えて何日目】 今日は5月5日です。今日から数えて50日目は何月何日か求めなさい。

 クイズです！ 5月って何日まであるか知ってるかな？

 え。えっと……，あれ？ 30日かな？ 31日かな？

よし，ここでしっかり確認しておこうね。1年間は1月から12月までの12か月間だね。この12か月の中で日数が少ない月が『ニシムクサムライ』なんだ。

 へ？ 『ニシムクサムライ』？ 何かの呪文？

呪文じゃありません(笑)。『ニシムクサムライ』は2月・4月・6月・9月・11月のことだよ。4月・6月・9月・11月は30日。2月は平年は28日，うるう年は29日まであるんだよ。

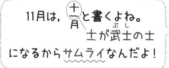 11月は，十月と書くよね。士が武士の士になるからサムライなんだよ！

 うるう年？ 何それ？

 うるう年は基本的に4年に1度あるの。平年は1年間が365日，うるう年は2月が平年より1日多い（28日ではなく29日まである）から，1年間が366日なんだよ。

 へ～！ 勉強になる！ じゃあ，ニシムクサムライ以外の1月・3月・5月・7月・8月・10月・12月は31日まであるんだね？

そのとおり！ ちょっとまとめておくね。

	1月	ニ 2月	3月	シ 4月	5月	ム 6月	7月	8月	ク 9月	10月	サムライ 11月	12月	1年間総日数
平年	31日	28日	31日	30日	31日	30日	31日	31日	30日	31日	30日	31日	365日
うるう年	31日	29日	31日	30日	31日	30日	31日	31日	30日	31日	30日	31日	366日

うるう年は……
・西暦を4で割り切れる年
・西暦が100で割り切れるが，
　400で割り切れない年は例外
うるう年　　　　→2024年，1600年
うるう年ではない→2100年，1900年

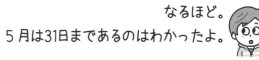

なるほど。
5月は31日まであるのはわかったよ。

じゃあ，今日 5 月 5 日から数えて 4 日目は何月何日になる？

簡単じゃん！　5月5日に4日を足すから5月9日でしょ？

う～ん，残念。不正解なんだ。今日 5 月 5 日から数えて 2 日目って明日 5 月 6 日だよね？　つまり下のようになるよね。

今日	明日		
5月5日	5月6日	5月7日	5月8日
1日目	2日目	3日目	4日目

そっか！！　今日 5 月 5 日は 1 日目なのか！

そのとおり！

今日 5 月 5 日から数えて 4 日目だから，今日を 1 日目と数えるんだよね。だから，5 月 5 日から 4 日目は，5 月 5 日 + (4 - 1) = 5 月 8 日なんだよ。

なるほど！

じゃあ，今日 5 月 5 日から数えて50日目は何月何日になるかわかる？

もうわかるよ。5 月 5 日 + (50 - 1) だから 5 月54日だって…。
あれ？　5 月って31日までだよね？ 5 月54日って何だ？？

じゃあ，5 月54日が本当は何月何日かを考えてみようか。5 月は31日までだよね。ということは，5 月31日の次の日である 6 月 1 日は5月32日になると思わない？

5月5日	……	5月30日	5月31日	6月1日	6月2日	……	6月□日
⇩		⇩	⇩	⇩	⇩		
5月5日	……	5月30日	5月31日	5月32日	5月33日	……	5月54日

なるほど～！　ということは……，5 月54日は，54－31＝23 だから 6 月23日だね。

大正解!!

〈うるう年はなぜあるの？〉

地球の公転周期 約365.25日
平年 1 年間　　　365日

1 年で約0.25日ずれる（6 時間）

⇒　4 年で約 1 日（24時間）なので，
　　4 年に 1 度 1 日多くして調整する。
　　　＝＝
　　これがうるう年

【今日から数えて何日目】 今日は 5 月16日です。今日から数えて65日目は何月何日か求めなさい。

作業しよう

手順① 5/16 ＋（65 − 1）＝ 5/80

① 今日から65日目が 5 月何日になるかを考える。

5 月16日に65−1 の64日を足す（5 月16日が
1 日目になるから）。

5/16 ＋ 64日 ＝ 5/80

手順② 5/80 ⟶ 6/49
 −31日

② 5/80を 6 月に直す。

5 月は31までなので，31日を引く。

5/80 ⟶ 6/49
 −31日

手順③ 5/80 ⟶ 6/49 ⟶ 7/19
 −31日 −30日

7 月19日

③ 6/49を 7 月に直す。

6 月は30までなので，30日を引く。

6/49 ⟶ 7/19
 −30日

7 月19日

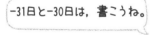 −31日と−30日は，書こうね。

やってみよう！

今日は 7 月 7 日です。今日から数えて80日目は何月何日か求めなさい。

［やってみよう！ 解答］7/7＋（80−1）＝7/86

7/86 ⟶ 8/55 ⟶ 9/24
 −31日 −31日 9月24日

【今日の何日後】 今日は5月5日です。では，今日の100日後は何月何日か求めなさい。

さて，暦について考える日暦算には少し慣れてきたかな？
次は，5月5日の100日後について考えてみようか。

あれ？ 100日目じゃなくて100日後なの？
100日目と100日後って違うの？

100日だと大きくて考えにくいから，4日で違いを考えてみようか。さっき一緒に考えたように，5月5日から数えて4日目は5月8日だよね。
じゃあ5月5日の4日後は何月何日になる？

5月5日の4日後？ 5月5日の1日後は5月6日……。そっか！ 何日後だから，
5月5日に4日を足すんだね。つまり，5月5日＋4日＝5月9日だ！

そのとおり！ 4日目とは違って4日後は5月5日は含んで数えないんだ。

〈4日目と4日後の違い〉

	今日				
4日目→	5月5日	5月6日	5月7日	5月8日	
	1日目	2日目	3日目	4日目	

	今日				
4日後→	5月5日	5月6日	5月7日	5月8日	5月9日
	×	1日後	2日後	3日後	4日後

・今日から数えて□日目。
　┗→今日を含む。
・今日の□日後。
　┗→今日を含まない。

なるほど。じゃあ，5月5日の100日後は，5月5日＋100日＝5月105日か……。
この5月105日が本当は何月何日かを求めないとね。

そうだね。一緒にやっていこう！ まずは，5月105日は6月何日かな？

5月は31日までだから，105日−31日＝74日になるよね。
つまり，5月105日は6月74日だね。

正解！ 6月はニシムクサムライで30日までだから，74日−30日＝44日。
つまり，6月74日は7月44日になるよ。

ふむふむ。ということは，7月は31日までだから，44日−31日＝13日。
つまり，7月44日は8月13日だ！！ できたよ〜！！

大正解!! よくできました！じゃあ，5月105日を8月13日に
直す一連の作業の流れをまとめてみるね。

5/105 ⟶ 6/74 ⟶ 7/44 ⟶ 8/13
　　 −31日　 −30日　 −31日

−31日，−30日，−31日は，
書いたほうがわかりやすいよ。

【今日の何日後】 今日は 4 月14日です。では，今日の100日後は何月何日か求めなさい。

作業しよう

手順① 4/4 + 100 = 4/114

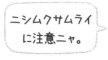
ニシムクサムライ に注意ニャ。

手順② 4/114 ⟶ 5/84
　　　　　　　 −30日

手順③ 4/114 ⟶ 5/84 ⟶ 6/53
　　　　　　 −30日　　 −31日

手順④ 4/114 ⟶ 5/84 ⟶ 6/53 ⟶ 7/23
　　　　　　 −30日　　 −31日　　 −30日

　　　　　　　　　　　　　　　　　7 月23日

---

① 今日から100日後が，4 月何日になるかを考える。
　4 月14日に，100日を足す。
　4/14 + 100日 = 4/114

② 4/114を 5 月に直す。
　4 月は30日までなので，30日を引く。
　4/114 ⟶ 5/84
　　　　　 −30日

③ 5/84を 6 月に直す。
　5 月は31日までなので，31日を引く。
　5/84 ⟶ 6/53
　　　　 −31日

④ 6/53を 7 月に直す。
　6 月は30日までなので，30日を引く。
　6/53 ⟶ 7/23
　　　　 −30日
　7 月23日

やってみよう！

今日は 7 月 7 日です。では，今日の140日後は何月何日か求めなさい。

［やってみよう！ 解答］7/7+140日＝7/147
　　　　　　　　7/147 ⟶ 8/116 ⟶ 9/85 ⟶ 10/55 ⟶ 11/24
　　　　　　　　　　　 −31日　　 −31日　　 −30日　　 −31日　　　　11月24日

【この日は何曜日?】 今日は5月5日金曜日です。今年の9月2日は何曜日か求めなさい。

9月2日が5月何日かがわかれば，
5月5日から9月2日までは何日間あるかもわかるね。

そのとおり。9月2日を8月に直すとき，8月は31日だから，2日+31日=33日になるから
9月2日=8月33日だよね？ これを7月・6月・5月まで作業していくと下のようになるよ。

$$9/2 \longrightarrow 8/33 \longrightarrow 7/64 \longrightarrow 6/94 \longrightarrow 5/125$$
$$+31日 \quad +31日 \quad +30日 \quad +31日$$

さっき（129ページ）の逆だから，
＋になるよね。

なるほど。9月2日は5月125日なんだね。

つまり，5月5日から5月125日は，125日 − 4日＝121日間あるの。

あれ？ 125日−5日＝120日間じゃないの？

5月5日金曜日からカレンダーを考えると，下のようになると思わない？

左のように考えると，
5/5〜5/125は，
5/1〜5/125から
5/1〜5/4を引く，
とわかるニャ。

ふむふむ。わかった！

じゃあ，いよいよ9月2日，つまり5月125日の曜日を求めてみようか。
1週間は7日間だから，121日間÷7日＝17週間余り2日だね。

余りが2日だから，……何曜日？

5月5日金曜日から始まっているカレンダーだから，余り1日で金曜日，
余り2日で土曜日だね。つまり，9月2日は土曜日です。

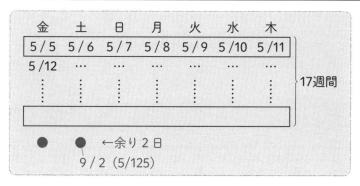

実際にカンタンなカレンダーを
書いてみよう！
1週間は，日月火水木金土の
7日間1周期だニャ。

16

日暦算

【この日は何曜日?】　今日は 5 月 5 日金曜日です。今年の 8 月27日は何曜日か求めなさい。

作業しよう

手順①　8 /27 ⟶ 7 /58 ⟶ 6 /88 ⟶ 5 /119
　　　　　　+ 31　　　 + 30　　　 + 31

手順②　8 /27 ⟶ 7 /58 ⟶ 6 /88 ⟶ 5 /119
　　　　　　　 + 31　　　 + 30　　　　 + 31

　　　　119 − 4 = 115（日）

手順③　115日 ÷ 7 日 =16週間余り 3 日

手順④　115日 ÷ 7 日 =16週間余り 3 日
　　　　　　　　　　　　　　　　 ∧
　　　　　　　　　　　　　　 金 土 日

　　　　　　　　　　　　　日曜日

---

①　8 /27が 5 月何日になるかを考える。

　　8 /27 ⟶ 7 /58 ⟶ 6 /88 ⟶ 5 /119
　　　　 + 31　　　 + 30　　　 + 31

②　5 / 5 〜 8 /27が何日間かを計算する。

　　5 / 5 （金）から 5 /119までは何日間
　　あるかを求める（5/5を含む）。

　　　119日 　　−　　 4 日 = 115日
　　(5 / 1〜5 /119) 　(5 / 1〜5 / 4)

③　5 / 5 〜 8 /27が何週間と何日かを計算する。

　　115日の中に5/5（金）から始まるカレンダー
　　（金〜木）が何週間と何日あるかを考える。

　　115日 ÷ 7 日 = 16週間余り 3 日

④　8 /27の曜日を求める。

　　金曜日から始めるカレンダーなので,
　　16週間余り 3 日
　　　　　　∧
　　　 金 土 ⓓ

　　日曜日　　余りの日数の曜日は,
　　　　　　　必ず今日の曜日から書こう!

やってみよう!

今日は 4 月12日水曜日です。今年の10月 2 日は何曜日か求めなさい。

[やってみよう!　解答] 10/ 2 ⟶ 9 /32 ⟶ 8 /63 ⟶ 7 /94 ⟶ 6 /124 ⟶ 5 /155 ⟶ 4 /185
　　　　　　　　　　　 + 30　　 + 31　　 + 31　　 + 30　　 + 31　　 + 30
　　　　(185 − 11) ÷ 7 日 = 24週間余り 6 日
　　　　　　　　　　　　水 木 金 土 日 ㊊　　　　　　 月曜日

(1) 西暦2022年1月1日は土曜日です。このとき，次の問いに答えなさい。なお，2024年，2028年，2032年……はうるう年です。

（日本大学藤沢中学校　2022　第1回）

① 2022年1月1日から100日後は何曜日ですか。

② 2022年10月4日は何曜日ですか。

③ 2022年の次に1月1日が土曜日になるのは西暦何年ですか。

---

(1) ①2022年は平年です。

1月1日＋100日＝1月101日

$$
\begin{array}{c}
\dfrac{1/1}{(土)} \longrightarrow \dfrac{1/101}{(\ \ )} \\
101日 ÷ 7日 ＝ 14週間余り3日 \\
土\ 日\ 月
\end{array}
$$

答え：　**月曜日**

②2022年は平年です。

10月4日が1月何日になるかを考えます。

10/4→9/34→8/65→7/96→6/126→5/157
　　+30　+31　+31　+30　+31
→4/187→3/218→2/246→1/277
　+30　+31　+28　+31

$$
\begin{array}{c}
\dfrac{1/1}{(土)} \longrightarrow \dfrac{1/277}{(\ \ )} \\
277日 ÷ 7日 ＝ 39週間余り4日 \\
土\ 日\ 月\ 火
\end{array}
$$

答え：　**火曜日**

③平年は1年365日÷7日＝52週と1日

⇒同じ日の曜日は1日ずれます。

うるう年は1年366日÷52週と2日

⇒同じ日の曜日は2日ずれます。

```
          うるう年
2023      2024      2025
1/1        1/1        1/1
(日) →→ (月) →→ (水)
     365日間  366日間
```

月の次の火ではない。
2日ずれて水になる。

うるう年2024年の2月29日は
2024年1/1と2025年1/1の間にあります。

2022 2023 2024 2025 2026 2027 2028 2029
1/1 1/1 1/1 1/1 1/1 1/1 1/1 1/1
(土) (日) (月) (水) (木) (金) (土) (月)
  +1   +1   +2   +1   +1   +1   +2

答え：　**2028年**

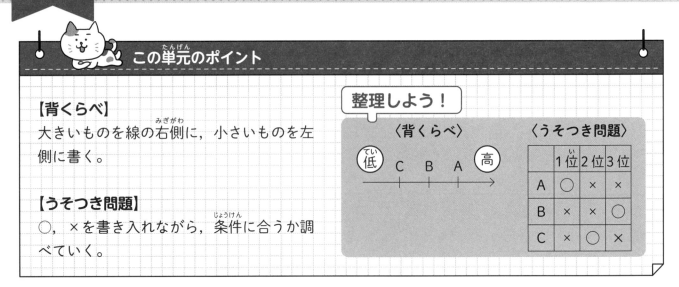

この単元のポイント

【背くらべ】
大きいものを線の右側に，小さいものを左側に書く。

【うそつき問題】
○，×を書き入れながら，条件に合うか調べていく。

整理しよう！

〈背くらべ〉

低 —— C B A —— 高

〈うそつき問題〉

	1位	2位	3位
A	○	×	×
B	×	×	○
C	×	○	×

HOP

【背くらべ】 春子・夏子・秋子・冬子の4人が背比べをしました。春子は夏子より低く，秋子は夏子より高いです。また，冬子は一番背が高いそうです。4人を背の高い順に並べなさい。

う～ん……，意外とややこしいね。どうやって問題の条件を整理するとわかりやすいのかな？

数直線って知ってるかな？　まずは，1本の長い横線を書いてみよう。横線の右端は矢印➡にするよ。

数直線？
矢印？　なんだろう。

1 2 3
数の直線を数直線というよ。
数直線は，数の大小，順序などを，目で見て理解しやすくするよ！

この数直線は，右にいけばいくほど身長が高く，左にいけばいくほど身長が低くなります。

低　　　　　高

なるほど。数直線って身長の高さを表す定規みたいだね。

お！　うまい表現だね。この数直線の中に4人を並べていくよ。
春子は夏子より背が低いから春子の右側に夏子を並べ，秋子は夏子より背が高いから夏子の右側に秋子を並べます。

低 春子 夏子 秋子 冬子 高

冬子は一番背が高いから……，一番右側に並ぶね。
4人の背の順は，高い順に
冬子，秋子，夏子，春子だね！

【背くらべ】 ゆうた君・だいち君・まさし君・はると君の4人が背比べをしました。ゆうた君はだいち君より低く，はると君はゆうた君より低いです。また，まさし君は一番背が低いそうです。4人を背の高い順に並べなさい。

作業しよう

手順①

① 数直線を長めに書く。
長い横線（数直線）を1本書き，右端に矢印（→）を書く。

手順②

低   高
⟶

② 数直線の右端に(高)，左端に(低)を書く。

手順③

ゆうた君はだいち君より低いから，だいち君はゆうた君の右側に書こう！

(低)   ゆうた だいち (高)
⟶

③ 問題文の順序に従って数直線に4人を並べていく。
ゆうた君を数直線の真ん中付近に書き，その右側にだいち君を書く。

手順④

(低) はると ゆうた だいち (高)
⟶

④ はると君をゆうた君の左側に書く（はるとはゆうたより低い）。

手順⑤

(低) まさし はると ゆうた だいち (高)
⟶

背の高い順に，だいち君，ゆうた君，はると君，まさし君。

⑤ 最後に左端にまさし君を書く。
背の高い順に，だいち君，ゆうた君，はると君，まさし君。

やってみよう！

まさき君・ゆうた君・こうじ君・せいや君の4人が体重測定をしました。まさき君はこうじ君より軽く，ゆうた君はせいや君より重く，せいや君はこうじ君より重いそうです。4人の中で体重の一番重い人を求めなさい。

[やってみよう！ 解答] (軽) まさき こうじ せいや ゆうた (重)
⟶ ゆうた君

【うそつき問題】 太郎・次郎・花子の3人が50メートル走をしました。レース結果について3人に話を聞いたところ，次のように答えました。

太郎「ぼくは2位だったよ」

次郎「ぼくは1位だったよ」

花子「私は2位ではなかったよ」

3人のうち2人は正しいことを言い，1人はうそを言っています。同じ順位の人はいませんでした。うそを言った人物と，正しい順位を速い順に求めなさい。

え……，うそをついている人がいるの？ これは数直線は難しいね。どう整理するとわかりやすいのかな？

3人のうちだれがうそをついているかわからないから数直線には整理しづらいよね。こういう推理の問題は表を使うのがおすすめなんだ。

ふ～ん。表か……。でもさ，だれがうそをついているかわからないんだよね？なら，どうやって表を使うの？

もっともな疑問だね！ だれがうそをついているかわからないから，うそをついている人物を仮定して1つ1つ条件を満たしているかを調べていくとわかるよ。

ふむふむ。

まずは，縦4マス横4マスの表を書いてみようか。一番左上のマス目は空欄にして左端の列に上から順に太郎・次郎・花子と書くよ。

	1位	2位	3位
太郎			
次郎			
花子			

105ページの集合のときに書いた表みたいだね。ということは，一番左上のマス目は空欄にして一番上の段に左から順に1位・2位・3位と書くんだね？

そのとおり。さて，表を使って調べていくよ。まずは，うそをついている人物を太郎と仮定してみよう。太郎の「ぼくは2位だったよ」という発言はうそだから太郎の2位のマスには×が書けるよね？

〈うそ＝太郎の場合〉

うそ＝		1位	2位	3位
	太郎		×	
	次郎			
	花子			

	1位	2位	3位
太郎		→↓	
次郎			
花子			

→太郎の2位のマス

表の見方はわかるかな？

ふむふむ。で，太郎以外は正しいことを言っているんだよね。ということは，次郎の
「ぼくは1位だったよ」という発言は正しいから次郎の1位のマスに〇が入るんだね！

 そのとおり。次郎が1位と確定したから，太郎1位と花子1位のマスには×が入ります。
さらに，次郎は1位だから，次郎2位と次郎3位のマスにも×が入るよね？

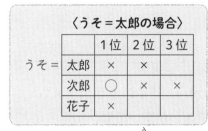

〈うそ＝太郎の場合〉

うそ＝		1位	2位	3位
	太郎	×	×	
	次郎	〇	×	×
	花子	×		

1つ〇が入ると，複数の×を書き入れられるね。

わ～！　表が埋まってきたね。花子の「私は2位ではなかったよ」という発言は
正しいから花子の2位のマスは×だね。あれ？　おかしいぞ……。

〈うそ＝太郎の場合〉

うそ＝		1位	2位	3位
	太郎	×	×	
	次郎	〇	×	×
	花子	×	×	

 そう！　おかしいよね。何がおかしいかな？

太郎の段を見ると，1位と2位が×だから太郎は3位だよね。花子の段を見ると，
1位と2位が×だから花子も3位だよね？　3位が2人になって2位がいないよ……。

〈うそ＝太郎の場合〉

うそ＝		1位	2位	3位
	太郎	×	×	〇
	次郎	〇	×	×
	花子	×	×	〇

 そのとおり。つまり，太郎がうそをついていると仮定すると問題の条件を
満たさないんだ。だから，うそをついているのは太郎ではないとわかるんだよ。

なるほど！　じゃあ次はうそをついている人物を次郎と仮定して
表を書いて調べていくんだね！

 うそをついている人物を次郎と仮定すると，次郎の
「ぼくは1位だったよ」という発言はうそだから次郎の1位のマスは×だね。

ふむふむ。

次郎以外は正しいことを言っているので，太郎の「ぼくは2位だったよ」という発言は正しいから太郎の2位のマスは○で，太郎の1位と3位のマスと次郎の2位・花子の2位のマスには×が入るね。

〈うそ＝次郎の場合〉

	1位	2位	3位
太郎	×	○	×
うそ＝ 次郎	×	×	
花子		×	

花子の「私は2位ではなかったよ」という発言は正しいから，花子の2位のマスも×だ。あ，もう×がついているね。次郎は3位のマスしか空いてないから3位だ！
ということは，花子は……，3位じゃないから1位だね！

〈うそ＝次郎の場合〉

	1位	2位	3位
太郎	×	○	×
うそ＝ 次郎	×	×	○
花子	○	×	×

そのとおり。今度は問題の条件を満たしたね。

わかったよ‼ 問題の条件を満たしたということは，うそをついている
人物は次郎で，正しい順位は1位花子・2位太郎・3位次郎だ！

大正解‼ 名探偵だね。
最後に，うそをついている人物を花子と仮定した場合も表を書いてみようね。

オッケー‼ 花子の「私は2位ではなかったよ」はうそだから，
つまり花子は……，2位ってこと？

そのとおり。さらに，太郎の「ぼくは2位だったよ」という発言は正しいから太郎も2位になるよね。2位が，花子と太郎の2人になってしまったから問題の条件を満たさないね。

〈うそ＝花子の場合〉

	1位	2位	3位
太郎		○	
次郎			
うそ＝ 花子		○	

「私が2位ではない」がうそということは，
2位だったのが真実だよね。

【うそつき問題】 花子・英子・和子の 3 人が100メートル走をしました。レース結果について 3 人に話を聞いたところ，次のように答えました。

　花子「私は 1 位だったよ」

　英子「私は 1 位でも 2 位でもなかったよ」

　和子「私は 3 位ではなかったよ」

3 人のうち 2 人は正しいことを言い，1 人はうそを言っています。同じ順位の人はいませんでした。うそを言った人物と，正しい順位を速い順に求めなさい。

作業しよう

ここは空欄にしておこうね！

手順①

	1位	2位	3位
花子			
英子			
和子			

手順②

	1位	2位	3位
うそ＝花子	×		
英子	×	×	
和子			×

手順③

	1位	2位	3位
うそ＝花子	×	○	×
英子	×	×	○
和子	○	×	×

うそ＝花子，1 位和子，2 位花子，3 位英子。

手順④

	1位	2位	3位
花子	○	×	×
うそ＝英子			×
和子			×

	1位	2位	3位
花子	○	×	×
英子	×	×	○
うそ＝和子			○

① 表を書く。

縦 4 マス，横 4 マスの表を書き，表の 1 番左上のマス目は空欄にする。

1 番上の段には，左から 1 位，2 位，3 位，1 番左端の列には，上から花子，英子，和子と書き込む。

② うそを言った人物を仮定して表を埋めていく。

うそを言った人物を，花子と仮定する。花子の発言がうそなので，花子の 1 位のマスに×が入る。英子と和子の発言は正しいので，英子1位と英子2位のマスは×，和子 3 位のマスにも×が入る。

③ 条件を満たしているか，確認する。

英子は 3 位のマスしか空いていないため，英子 3 位に○が入る。3 位が決まったので，花子 3 位のマスには×が入る。花子は 2 位のマスしか空いていないので，花子 2 位のマスに○が入る。2 位が決まったので，和子 2 位のマスには×が入り，和子は 1 位と決まる。同じ順位の人はいないので，条件成立。

うそを言ったのは<u>花子</u>で，順位は<u>1 位和子，2 位花子，3 位英子</u>。

④ うそを言った人物が英子の場合と和子の場合をそれぞれ表に書いて調べる。

うそを言った人物が英子の場合

└→ 3 位がいない…不成立。

うそを言った人物が和子の場合

└→ 3 位が 2 人いる…不成立。

17

推理算

花子・英子・和子の 3 人が100メートル走をしました。レース結果について 3 人に話を聞いたところ，次のように答えました。

　　花子「私は 1 位ではなかったよ」

　　英子「私は 1 位だったよ」

　　和子「私は 2 位だったよ」

3 人のうち 2 人は正しいことを言い，1 人はうそを言っています。同じ順位の人はいませんでした。うそを言った人物と，正しい順位を速い順に求めなさい。

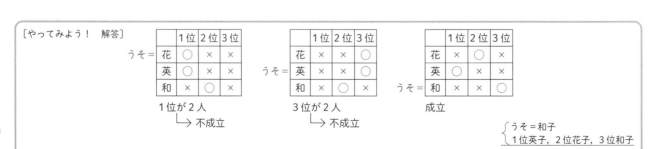

(1) A，B，C，Dの4人のうち1人だけが赤い帽子をかぶり，残りの人は白い帽子をかぶっています。この4人が縦に1列に並んで次のような発言をしました。

    A「私のすぐ後ろの人は赤色の帽子だ。」

    B「Dは私より前にいる。」

    C「私の帽子は白色だ。私より前の人は全員白色の帽子だ。」

    D「私のすぐ後ろの人は白色の帽子だ。」

この発言がすべて正しいとき，4人の並んでいる順を前から順に答えなさい。

（洗足学園中学校　2022　第1回）

(2) A，B，C，D，Eの5人を含む8人の徒競走の結果を，その5人が話しています。ゴールしたときは自分よりも前の様子が見えるので，「自分より先にゴールした人たち」の順位はわかりますが，「自分より後のゴールした人たち」の順位はわかりません。また，同じ順位の人はいませんでした。

    A：「BとCの間には3人がゴールしました。」

    B：「私は，8人の中では2位でした。」

    C：「私は，Dの順位はわかりません。」

    D：「A，B，C，D，Eの中で順位が奇数の人は1人だけでした。」

    E：「Aより先にBがゴールしていました。」

5人の中で2番目に早くゴールしたのは（ア）で，その順位は8人の中で（イ）位です。

（攻玉社中学校　2022　第1回）

---

(1) 数直線を書きます（数直線の右が前，左が後ろ）。

後	B	A	C	D	前
	赤	白	白	白	

まず，Aを真ん中に書きます（前後の人数がわからないため）。

Aのすぐ後ろの人は赤です。

つまり，Aは白とわかります（白は3人，赤は1人のため）。

Cの発言から，CはAより前にいて，Cの前にも人がいるとわかります。

Bの発言から，DはBより前にいるので，Cの前にいるのがD，一番後ろの赤がBとわかります。

つまり，前から順にD, C, A, Bです。

答え：　D, C, A, B

(2) 数直線を書きます（数直線の右が速い人，左が遅い人）。

まずは，数直線に8個の印（8人分）を書きます。

遅い	8位	7位	Ⓒ	5位	4位	3位	Ⓑ	速い
			6位			2位		

AとDのどちらか

Bは2位とわかります。

Aの発言から，BとCの間に3人いるので，Cは6位とわかります。また，AはBとCのゴールを見ているので，Cより後の7位か8位です。

Cの発言から，DはCより後の7位か8位です。

Eの発言から，EがBより後でAより前なので，Eは3位か4位か5位です。

Dの発言から，A，Dどちらかが7位（奇数）でどちらかが8位なので，Eは残った偶数の4位です。

つまり，A，B，C，D，E5人の中で2番目にゴールしたのはEで，4位です。

答え：　E, 4

この単元のポイント

【3段つるかめ算】
平均して2段つるかめ算にしよう。

【いもづる算】
式の形に整理し，1個目を見つけよう。

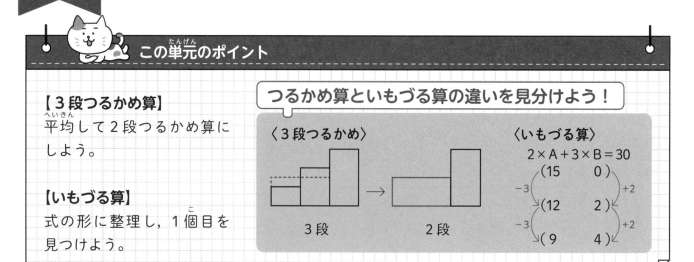

つるかめ算といもづる算の違いを見分けよう！

〈3段つるかめ〉　　　　　　　　　　〈いもづる算〉

3段 → 2段

$2 \times A + 3 \times B = 30$

$-3 \binom{(15}{(12}\ \binom{0)}{2)} +2$

$-3 \binom{(12}{(9}\ \binom{2)}{4)} +2$

HOP

【3段つるかめ算】 文具店で，1冊当たり80円，100円，120円のノートを合わせて22冊買って2280円支払いました。80円のノートと100円のノートを同じ冊数ずつ買ったとき，それぞれのノートは何冊ずつ買ったのか求めなさい。

まずは，問題文の状況を面積図で書いてみようか？

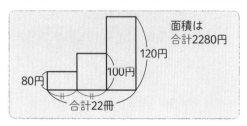

面積は
合計2280円
120円
80円
100円
合計22冊

面積図は縦に金額，横に冊数を書こう!! 80円のノートと100円のノートは同じ冊数なので横の長さは同じだよ。

あれ，これって32ページでやったつるかめ算にちょっと似てる？
でもさ，面積図が3段になっちゃったよ。このまま解けるの？

確かに3段のままじゃ難しいよね。じゃあ，解ける形・知っている形に持ち込んでみようか？ 2段のつるかめ算なら解けるから2段のつるかめ算の形に持ち込もう！
120円のノートは何も情報がないけど，80円と100円のノートは同じ冊数という情報があるよね？

確かに。

80円のノートと100円のノートが同じ冊数ということは，平均ができるよね？
120円のノートの面積図以外の80円のノートと100円のノートの2段の面積図を平均してみようか。

なるほど！

平均算の面積図の平均の仕方は覚えているかな？　飛び出ているところをけずってへこんでいるところに入れて平均するから，㋐と㋑の面積は同じだよね。

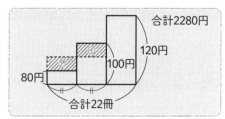

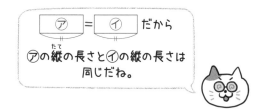
㋐＝㋑　だから
㋐の縦の長さと㋑の縦の長さは同じだね。

そっか。㋐と㋑の長方形の面積が同じで，横の長さ（冊数）が等しいから縦の長さも等しいんだ。

そのとおり。だから，80円のノートと100円のノートの2段の面積図を平均すると，90円になるよね。平均90円のノートと120円のノートで再度面積図を書いてみるよ。

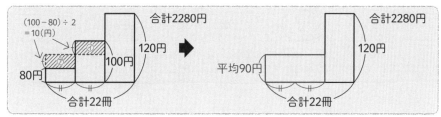

必ず平均した後の図も書こう！

ふむふむ。80円のノートと100円のノートを平均して90円にしても，合計冊数も合計金額も変わらないんだね!!

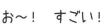

そのとおり!!　2つの合計がわかっていて，
2段の面積図のつるかめ算に持ち込めたでしょ？

お〜！　すごい！

じゃあ，それぞれのノートの冊数を求めよう。
120円のノートは，(2280 − 90 × 22) ÷ (120 − 90) ＝ 10冊。

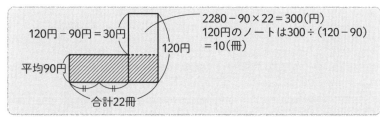

$2280 − 90 × 22 = 300（円）$
120円のノートは $300 ÷ (120 − 90)$
$= 10（冊）$

もうわかったよ!!　80円のノートと100円のノートは同じ冊数だから，
(22 − 10) ÷ 2 ＝ 6（冊）ずつだね。

大正解！　80円のノートは6冊，100円のノートも6冊，120円のノートは10冊です。

知らない問題（3段つるかめ算）は，知っている形（2段のつるかめ算）に持ち込むのが攻略のポイントだニャ。

【3段つるかめ算】 文具店で，1冊当たり70円，110円，150円のノートを合わせて21冊買って2430円支払いました。 110円のノートと150円のノートを同じ冊数ずつ買ったとき，それぞれのノートは何冊ずつ買ったのか求めなさい。

作業しよう

手順①

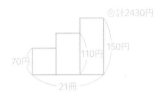

手順②

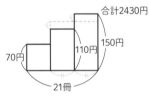

（150－110）÷2＝20（円）
110＋20＝130（円）…平均

平均の線は点線でね。

手順③

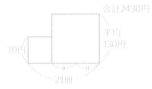

手順④

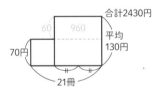

2430－70×21＝960
960÷（130－70）＝16（冊）
16÷2＝8（冊）　21－16＝5（冊）
70円…5冊，110円…8冊，150円…8冊

① 3段つるかめ算の面積図を書く。

縦に1冊当たりの金額，横に合計冊数を書き，合計金額（面積）を右上に書く。

② 同じ冊数のノートの金額を平均する。

冊数の等しい（110円と150円）に印を付け，110円と150円の2段の面積図を平均する。

（150－110）÷2＝20（円）

110＋20＝130（円）…110円と150円の平均

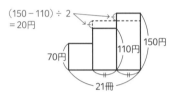

③ 70円と平均130円の2段のつるかめ算の面積図を書く。

④ 各ノートの冊数を求める。

（2430 － 70×21 ）÷（130－70）

＝16（冊）…110円のノート＋150円のノート

16÷2＝8（冊）… {110円のノート / 150円のノート

21－16＝5（冊）…70円のノート

70円…5冊，110円…8冊，150円…8冊

やってみよう！

果物屋で，1個当たり100円，200円，240円のミカンを合わせて35個買って6420円支払いました。100円のミカンと200円のミカンを同じ個数ずつ買ったとき，それぞれのミカンを何個ずつ買ったのか求めなさい。

［やってみよう！ 解答］

（200－100）÷2＝50（円）　100＋50＝150（円）
（6420－150×35）÷（240－150）＝13（個）…240円
（35－13）÷2＝11（個）…100円，200円
100円…11個，200円…11個，240円…13個

【いもづる算】 1冊80円のノートと1冊120円のノートを合わせて1200円分買うとき，80円の ノートと120円のノートの冊数の組合せをすべて求めなさい。ただし，必ずどちらのノートも買うこ ととします。

さて，この問題も面積図にしてみようか。
縦に1冊当たりの金額，横に冊数，面積が合計金額だよ。

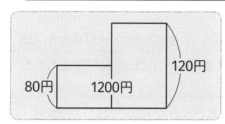

今度は，合計冊数がわからないから，求められる面積がないよ。
そもそも，80円のノートと120円のノートの冊数の組合せが複数あるみたいだよ？

そのとおり。こういう，一見つるかめ算に見えるけど解答が1つにならないもの を『不定方程式』というんだ。別名『いもづる算』ともいうんだよ。
じゃあ，問題文の状況を式にしてみようか。80円のノートをA冊，120円のノート をB冊買ったとすると，80円×A冊＋120円×B冊＝1200円という式が作れるよね。

ふむふむ。

この式のAとBに当てはまる整数の組合せを考えよう。A・Bはノートの冊数 だから必ず整数になるよね？ 式はこのままでも解けるけど，より簡単な 数値の式に直せたら楽だと思わない？

思う！ どうすればもっと簡単になるの？

80円×A冊＋120円×B冊＝1200円 の式全体を見ると，80も120も1200もすべて 40で割れるよね？ 式全体を40で割ると，2×A＋3×B＝30 になるよね。

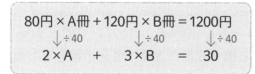

お〜！ ずいぶんスッキリした式になったね！ これなら，AとBの組合せを 考えやすそうだよ。80と120と1200の最大公約数の40で割ったんだね。

そのとおり。じゃあ，さっそくA・Bの1個目の組合せを探そう！ 2×A＋3×B＝30 のAに入る最大値は30÷2＝15だね。つまり，A＝15・B＝0という組合せが見えてくるね。

意外とあっさりと1個目の組合せが見つかったね！ この1個目の組合せが
見つかると，残りの組合せはいもづる式に見つかるんだよね？

そうね。Aに入る最大値は15。じゃあ，Aに入る数を減らしていってみようか。Aに
14や13を入れるとBに入る整数がないよね。次にAに12を入れるとBには2が入るよ。

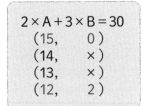

2×A＋3×B＝30
(15,   0)
(14,   ×)
(13,   ×)
(12,   2)

お～，2個目の組合せが見つかった！
あれ？ 何か規則があるのかな？

うん。規則に似ているね。Aに入る数が1ずつ減ると2×A全体では2ずつ減る
よね。逆にBに入る数を1ずつ増やすと3×B全体では3ずつ増えるよね。

ふむふむ。わかるよ。2ずつ減るのと3ずつ増える……，ってことは，
2と3の最小公倍数の6ずつ交換すれば解決するんじゃないかな？

大正解!! すばらしい！ ちょっと下に整理してみたよ。

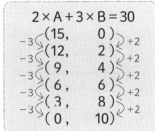

2×A＋3×B＝30
−3(15,   0)+2
−3(12,   2)+2
−3(9,   4)+2
−3(6,   6)+2
−3(3,   8)+2
  (0, 10)+2

6ずつの交換だから…
2×A＝6でAは3ずつ減り，
3×B＝6でBは2ずつ増える。

なるほど～!! Aに入る数が3減るとBに入る数は2増えるんだね。確かに1個目の
組合せが見つかるといもづる式にすべての組合せが見つかるんだ!!

そのとおり。ただ，この問題の場合は「必ずどちらのノートも買う」という
条件があるから，A＝15・B＝0の組合せと，A＝0・B＝10の組合せは解答
にならないことに注意してね。

答えは，80円のノートと120円のノートが，12冊・2冊，
9冊・4冊，6冊・6冊，3冊・8冊の組合せだね。

ジャガイモやサツマイモって，1個目が見つかると，
そのいもづるをたどっていくと次々にいもが見つかるよね？

この問題も，1個目の解答（組合せ）が見つかると，
残りの解答（組合せ）もいもづる式に全部見つかるんだよ！

【いもづる算】　1個50円のアメと1個70円のガムを合わせて1000円分買うとき，50円のアメと70円のガムの個数の組合せをすべて求めなさい。ただし，必ずどちらも買うこととします。

作業しよう

手順①　50円 × A個 + 70円 × B個 = 1000円

手順②　50円 × A個 + 70円 × B個 = 1000円
　　　　　　↓÷10　　　　　↓÷10　　　　　↓÷10
　　　　　5 × A　　+　　7 × B　　=　　100

手順③　5 × A + 7 × B = 100
　　　　　（20，　　0）

手順④　5 × A + 7 × B = 100
　　　　　（20，　　0）
　　　-7（13，　　5）+5
　　　-7（6，　　10）+5

ー7と+5は
必ず書こう！

手順⑤　5 × A + 7 × B = 100
　　　　　（20，　　0）
　　　-7（13，　　5）+5
　　　-7（6，　　10）+5

　　　　アメ　　ガム
　　{ 13個，　5個
　　{ 6個，　10個

---

① 式を作る。

アメの個数をA個，ガムの個数をB個として，問題文の状況を式にする。

50円 × A個 + 70円 × B個 = 1000円

② 数の数値を簡単にする。

上の式を，50と70と1000の最大公約数10で割る。

50円 × A個 + 70円 × B個 = 1000円
　　↓÷10　　　　　↓÷10　　　　　↓÷10
　5 × A　　+　　7 × B　　=　　100

③ 1個目の組合せを探す。

5 × A + 7 × B = 100のAに当てはまる最大の数を考える。

100 ÷ 5 = 20…A最大→このときBは0。

④ 残りの組合せを書き出していく。

Aに入る数を7ずつ減らし，Bに入る数を5ずつ増やす。

⑤ 問題文の条件に当てはまらない組合せを消す。

AもBも1以上なので，当てはまらない組合せを消す。

　　　アメ　　ガム
　{ 13個，　5個
　{ 6個，　10個

やってみよう！

1本100円の鉛筆と1本120円の鉛筆を合わせて2500円分買うとき，100円の鉛筆と120円の鉛筆の本数の組合せをすべて求めなさい。ただし，必ずどちらの鉛筆も買うこととします。

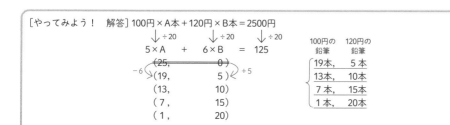

[やってみよう！　解答] 100円 × A本 + 120円 × B本 = 2500円
　　　　　　　　　　　↓÷20　　　　↓÷20　　　　↓÷20
　　　　　　　　　　5 × A　　+　　6 × B　　=　　125

　　　　　　　　　　（25，　　0）
　　　　　　　-6（19，　　5）+5
　　　　　　　　（13，　　10）
　　　　　　　　（7，　　15）
　　　　　　　　（1，　　20）

100円の鉛筆	120円の鉛筆
19本，	5本
13本，	10本
7本，	15本
1本，	20本

入試問題にチャレンジしてみよう!
(右側を隠して解いてみよう)

(1) 1個35円のミカンと1個120円のリンゴと1個160円のカキを合わせて39個買いました。ミカンの個数はリンゴの個数の4倍で,合計金額は3000円でした。このとき,ミカンを何個買いましたか。

(青稜中学校　2022　第1回B)

(2) 1個50円の品物A,1個100円の品物Bをそれぞれ何個か買ったところ,代金は1000円でした。A,Bを買った個数の組合せとして考えられるものは何通りありますか。ただし,どの品物もそれぞれ少なくとも1個は買うものとします。

(筑波大学附属駒場中学校　2020)

---

(1) 合計個数と合計金額がわかっているため,3段つるかめ算の面積図を書きます。

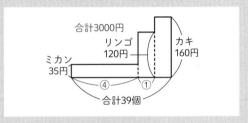

ミカンとリンゴの個数の比がわかるため,平均します。

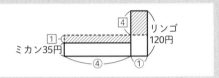

120円 − 35円 = 85円…⑤

85円 ÷ 5 = 17円…①

35円 + 17円 = 52円(平均)

平均52円とカキ160円で2段つるかめ算の面積図を書きます。

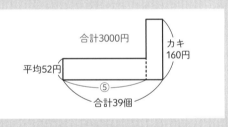

(160円 × 39個 − 3000円) ÷ (160円 − 52円) = 30個…⑤

30個 ÷ 5 = 6個…①

④ は,6 × 4 = 24(個)。

答え：　24個

(2) ①合計金額はわかるが合計個数がわからないため,問題文の状況を式にします(品物AはA個,品物BはB個買うとする)。

$$50円 × A個 + 100円 × B個 = 1000円$$
$$1 × A + 2 × B = 20$$

÷50 ⌢ ÷50

(20,	0) ×
(18,	1)
(16,	2)
⋮	⋮
(2,	9)
(0,	10) ×

−2 ⌢ +1　9通り

答え：　9通り

第2章

場合の数

19 **書き出し法①自由形**　　〜順番を死守！〜

20 **書き出し法②樹形図・表**　〜どんどん広がる，それが樹形図〜

21 **順列と組合せ①**　　　　　〜「＋か×か」それが問題だ〜

22 **順列と組合せ②**　　　　　〜順列から区別をなくすと組合せ〜

23 **道順**　　　　　　　　　　〜向かってくる矢印を受け止める〜

24 **色のぬり分け**　　　　　　〜同じ色は並ばない〜

25 **図形の数え方**　　　　　　〜どこまで見つけられるかな？〜

26 **リーグ戦とトーナメント戦／選挙**　〜トーナメントも選挙もシビア〜

この単元のポイント

【書出し法】

書き出す順番を決める。
モレに気をつけて書き出す。
条件に合致するものだけ数え上げる。

> 書き出す順番を決める！

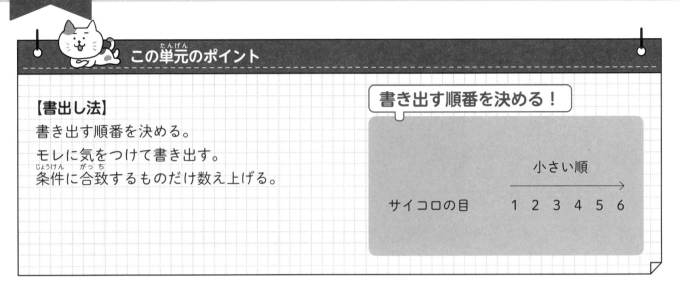

サイコロの目	小さい順 → 1 2 3 4 5 6

HOP

【書出し法】 ミカンが10個あります。このミカンをAさんとBさんに分ける方法は何通りありますか。ただし，2人とも必ずミカンをもらうとします。

 2人でじゃんけんをするとき，あいこって何通りあるかな？

グーとグー，チョキとチョキ，パーとパーの3通り！

 正解！　今みたいに，ある事柄の起こり方が「全部で何通りあるか」を考えるのが「場合の数」なの。

「全部で何通りあるか？」うへー，面倒くさそう。

 でも，すごく大切な考え方なの。ゲームってする？

するする！　大好き！

 ゲームって，人がコンピューターにいろいろな指示を出して作っているよね。でも，指示をするときにモレがあったら困るよね。たとえば主人公を4方向に進ませたいのに，右と左と上しか指示を出していなかったら……。

下に行けない。

 そう。だから，「場合の数」の考え方は，プログラミングでもとても重要になってくるの。

それを聞いたら，がぜんやる気が出てきたよ。

よかった（笑）。じゃ，ミカンを2人に分ける方法を考えてみよう。条件文に"2人とも必ずミカンをもらう"とあるから，0個はナシということだね。

えーっと，じゃAさんが1個でBさんが9個でしょ。Aさんが5個ならBさんも5個。あ，Bさんが7個だったらAさんは3個だね。

で，全部で何通りの分け方があるかな？

……。

今みたいに，思いつきでバラバラに考えちゃうと，どうしてもモレや重複が出てくるの。だから，必ず考える順番を考えて，その順番に沿って書き出していきます。

順番？

そう。たとえば，2人で分けたときに，Aさんが一番少ない場合は何個かな？

1個。

だよね。そして，一番多いときは9個。だから，Aさんが分けてもらえる個数を小さいほうから順に書き出してみよう。

Aさんの個数　1　2　3　4　5　6　7　8　9

なんだ，簡単じゃん。

じゃ，Aさんの個数の下に，Bさんがもらえる個数を書いてみて。

ミカンは全部で10個なんだよね。だから……，

Aさんの個数	1	2	3	4	5	6	7	8	9
Bさんの個数	9	8	7	6	5	4	3	2	1

全部で9通りってこと？

そのとおり。場合の数では，必ず順番を決めて，モレなく，すべて書き出すと肝に銘じようね。

【書出し法】 大，小 2 つのサイコロがあります。この 2 つを同時に投げるとき，出た目の和が 6 になる場合は何通りありますか。

書き出す順番は自分で決めよう。

作業しよう

手順①　大　1　2　3　4　5　6

手順②

大	1	2	3	4	5	6
小	5	4	3	2	1	✕

5 通り

① 書き出す順番を考える。
今回は大サイコロの目を小さいほうから順番に書き出すと決める。決めたとおりに書く。

② 小サイコロの目を条件に合うように書く。
サイコロの目は 1～6 なので，大サイコロの目が 6 のときは「大＋小＝6」は作れない。
よって，5 通り。

STEP

【書出し法】 大，小 2 つのサイコロがあります。この 2 つを同時に投げるとき，出た目の和が 6 以下になる場合は何通りありますか。

作業しよう

手順①

和　2
　　3
　　4
　　5
　　6

手順②

```
         大   小
和  2  (1, 1)
    3  (1, 2) (2, 1)
    4  (1, 3) (2, 2) (3, 1)
    5  (1, 4) (2, 3) (3, 2) (4, 1)
    6  (1, 5) (2, 4) (3, 3) (4, 2)
       (5, 1)
```
15通り

① 書き出す順番を考える。
和が 5 以下なので，小さいほうから和を 2 → 3 → 4 → 5 → 6 の順番で考える。

② 大サイコロの目は小さいほうから，小サイコロの目は和が 6 になるよう書く。

よって，15通り。

やってみよう！

大，小 2 つのサイコロがあります。この 2 つを同時に投げるとき，出た目の積が12になる場合は何通りありますか。

区切るときは線でも（ ）でも，書き出しやすいほうを使うニャ。

［やってみよう！ 解答］大サイコロの目を小さいほうから順番に書き出すと決め，積が12となる小サイコロの目を書きます。よって，4 通り。

大	1	2	3	4	5	6
小	✕	6	4	3	✕	2

【書出し法】　長さが 3 cm，4 cm，5 cm，8 cm の棒が 1 本ずつあります。この中から 3 本を選んで三角形を作ると，全部で何通りできますか。

3 cm，4 cm，5 cm の棒と，3 cm，4 cm，8 cm の棒をそれぞれ渡すから，三角形を作ってみて。

棒の端と端をくっつけて，ほらできた！　もう 1 つも……，あれ？　作れない。

3 cm，4 cm，5 cm の場合　　3 cm，4 cm，8 cm の場合

三角形が成立するためには，2 つの辺の和が，残りの 1 辺より長くならないとダメなの。

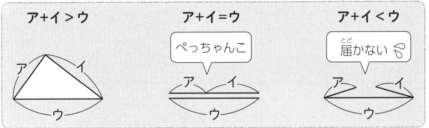

ア＋イ＞ウ　　　ア＋イ＝ウ　　　ア＋イ＜ウ

ぺっちゃんこ　　　届かない

ア，イ，ウに数字を当てはめて，三角形ができる組合せを書き出してみよう。でも，書き出すときは必ず順番を決めなきゃダメだったよね。

この場合は，どんな順番にすればいいんだろう？

ちょっと難しいよね。重複を防ぐために，「ア＜イ＜ウ」になるような順で書き出そう。

ア	＜ イ	＜ ウ
3	4	5
3	4	8
3	5	8
4	5	8

なるほど，そういうことか！　この 4 つのうち，「ア＋イ＞ウ」になるのは……，

ア	＋ イ	＞ ウ	
3	＋ 4	＞ 5	○
3	＋ 4	＜ 8	×
3	＋ 5	＝ 8	×
4	＋ 5	＞ 8	○

三角形は 2 通りだ！

よくできました。最初から「ア＋イ＞ウ」が成立する組合せを探そうとすると混乱しちゃうから，こうやって全部の組合せを書き出して，条件に合うものを選ぶのも 1 つの方法だよ。

【書出し法】 長さが2cm，4cm，6cm，7cm，10cmの棒が1本ずつあります。この中から3本を選んで三角形を作ると，全部で何通りできますか。

必ず「ア＜イ＜ウ」となるように書き出します。

作業しよう

手順①

ア	イ	ウ
2	4	6
2	4	7
2	4	10
2	6	7
2	6	10
2	7	10
4	6	7
4	6	10
4	7	10
6	7	10

ア(最短)＋イ(真ん中)＞ウ(最長)となる組合せを見つける。

① ア，イ，ウの組合せをすべて書き出す。

ア＜イ＜ウとなるよう，小さいほうからもれなく書き出す。

次のように組合せを考えると，もれなく書き出せる。

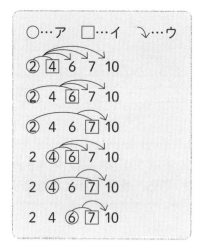

手順②

ア	＋	イ	＞	ウ
2		4	=	6
2		4	<	7
2		4	<	10
(2		6	>	7)
2		6	<	10
2		7	<	10
(4		6	>	7)
4		6	=	10
(4		7	>	10)
(6		7	>	10)

② ア＋イ＞ウ となるものを見つける。

「ア＋イ」と「ウ」の関係を＞＝＜で結ぶ。

このうち，ア＋イ＞ウ となるものが三角形として成立する。

よって，4通り。

やってみよう！

長さが5cm，7cm，13cm，16cmの棒が1本ずつあります。この中から3本を選んで三角形を作ると，全部で何通りできますか。

［やってみよう！ 解答］ア，イ，ウの組合せは(5，7，13)(5，7，16)(5，13，16)(7，13，16)。
この中でア＋イ＞ウは(5，13，16)(7，13，16)の2通り。

入試問題にチャレンジしてみよう!
(右側を隠して解いてみよう)

(1) 白いサイコロと赤いサイコロが1つずつあります。2つのサイコロを同時に投げるとき，2つのサイコロの和が5以下になる出方は全部で何通りありますか。

(オリジナル問題)

(1) 白いサイコロの目を小さいほうから，順に書き出します。

$$(白, 赤) = (1, 1) \ (1, 2) \ (1, 3) \ (1, 4)$$
$$ (2, 1) \ (2, 2) \ (2, 3)$$
$$ (3, 1) \ (3, 2)$$
$$ (4, 1)$$

よって，10通り。

答え：　10通り

(2) 9枚のカードに，1から9までの数字が1枚に1つずつ書いてあります。この中から2枚のカードを取り出します。2枚のカードに書かれた数字の和が偶数になる組合せは□通りです。

(広島学院中学校　2022)

(2) 和が偶数になるには，「奇数＋奇数」か「偶数＋偶数」になります。
「2枚のカードに書かれた数字の和（組合せ）」なので，(1, 3) と (3, 1) は同じになります。重複を防ぐために，数字が「小＜大」となるように書き出します。

$$奇 < 奇 = (1,3) \ (1,5) \ (1,7) \ (1,9)$$
$$\phantom{奇 < 奇 =} (3,5) \ (3,7) \ (3,9)$$
$$\phantom{奇 < 奇 =} (5,7) \ (5,9)$$
$$\phantom{奇 < 奇 =} (7,9)$$
10通り

$$偶 < 偶 = (2,4) \ (2,6) \ (2,8)$$
$$\phantom{偶 < 偶 =} (4,6) \ (4,8)$$
$$\phantom{偶 < 偶 =} (6,8)$$
6通り

よって，10＋6＝16（通り）。

答え：　16

19

書出し法①自由形

この単元のポイント

【樹形図】
順番どおりに書き出す。
間隔を取ってバランスに気をつける。

【表】
お金の問題は，金額，枚数の多いほうから考える。

樹形図はバランスを考えて書く！

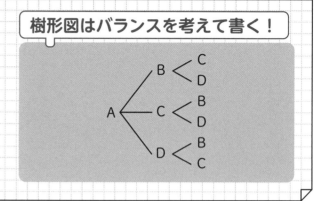

HOP

【樹形図】 ①③⑤⑦ の 4 枚のカードを並べて 3 ケタの整数を作ります。小さいほうから数えて 10番目はいくつになりますか。

今回は，書き出すのに便利な「型」を勉強するよ。
たとえば，①③⑤⑦ の 4 枚のカードを使って 3 ケタの整数を作る場合。小さいほうから順に言ってみてくれるかな。どのカードも 1 枚ずつしかないことに注意しようね。

じゃ，①①① は作れないってことだよね。えーと，一番小さいのは135でしょ，次は137，その次は153，173……，あれ？　ちゃんと小さいほうから考えているのに，何だか混乱してきた……。

考える要素が増えてくると，どうしても数えもれや重複が出てきちゃうの。それを防ぐのに便利なのが「樹形図（じゅけいず）」！

じゅけいず？

樹形図の形が，木が枝を広げていく形に似ているからこう呼ばれているの。ほら，樹形図の「樹」は「木」のことでしょ。まず樹形図を書くときのルールを説明するね。

手順① 　書き出す順番を決める
手順② 　書き出す項目を書く
手順③ 　1つ目の要素を順番どおりにすべて書く
手順④ 　2つ目の要素を1つ目の枝の先に順番どおりにすべて書く
手順⑤ 　最後の項目まで繰り返す

今回は3ケタの整数だから，書き出す項目は「百，十，一」の位。小さいほうから10番目の数を聞かれているから，数字は「1→3→5→7」と小さい順から書き出すと決めるよ。さぁ，樹形図を書いてみるね。

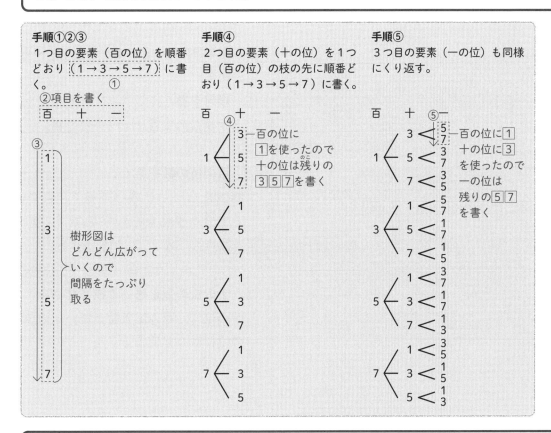

手順①②③
1つ目の要素（百の位）を順番どおり（1→3→5→7）に書く。　①
②項目を書く
百　十　一

③
樹形図はどんどん広がっていくので間隔をたっぷり取る

手順④
2つ目の要素（十の位）を1つ目（百の位）の枝の先に順番どおり（1→3→5→7）に書く。

④
百の位に1を使ったので十の位は残りの357を書く

手順⑤
3つ目の要素（一の位）も同様にくり返す。

⑤
百の位に1十の位に3を使ったので一の位は残りの57を書く

樹形図を書くときは，「最初に間隔をたっぷり取る」「枝を均等に広げる」のがコツ。そうでないとこんなふうにグチャグチャになっちゃうの。

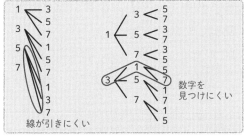

線が引きにくい

数字を見つけにくい

あー，そうなりそう……。

だから，樹形図を書くとき，最初は間隔をたっぷり取ってね。さて，小さいほうから10番目はいくつかな？

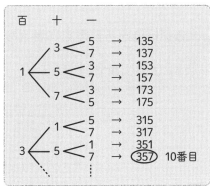

百　十　一
1　3　5 → 135
　　　7 → 137
　5　3 → 153
　　　7 → 157
　7　3 → 173
　　　5 → 175
3　1　5 → 315
　　　7 → 317
　5　1 → 351
　　　7 → 357　10番目
⋮　⋮

小さいほうから順番に135，137，153，…となっていくから，10番目は357だ！
確かに，バランスを考えて書くと見た目がスッキリ整理されるね。

【樹形図】 ⓪③⑤⑧の４枚のカードを並べて３ケタの整数を作ります。小さいほうから数えて12番目の数を求めなさい。

✏️ 作業しよう

手順① 百　十　一

手順② 百　十　一
　　　　3
　　　　5
　　　　8

手順③ 百　十　一

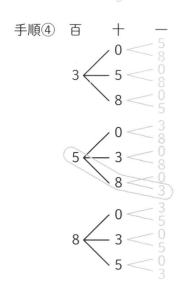

手順④ 百　十　一

書き出す順番を小さいほうから（０→３→５→８）と決める。

① 項目を書く。
　３ケタなので百，十，一の位を書く。

② 百の位の数を書く。
　間隔をしっかり取って書く。百の位に０がくると３ケタにならないので（２ケタになってしまう），③，⑤，⑧を並べる。

③ 十の位の数を書いて枝で結ぶ。
　十の位に，百の位で使っていない数を書く。十の位には０が使える。

④ 一の位の数を書いて枝で結ぶ。
　一の位に，百の位と十の位で使っていない数を書く。
　順に数えていくと，小さいほうから12番目は，583。

やってみよう！

⓪②④⑤の４枚のカードを並べて３ケタの整数を作ります。大きいほうから数えて10番目の数を求めなさい。

大きいほうから数字を並べるニャ。

百　十　一
　　4 < 2
　　　 0
5 ─ 2 < 4
　　　 0
　　0 < 4
　　　 2
　　5 < 2
　　　 0
4 ─ 2 < 5
　　　 0
　　0 < 5
　　　 2

［やってみよう！ 解答］大きいほうから10番目を聞かれているので，５→４→２→０の順で樹形図を書きます。樹形図はすべて書く必要はありません。答えが見えたところでストップします。よって，420。

【表】 100円玉，50円玉，10円玉がたくさんあります。これらを使って200円を支払う方法は全部で何通りありますか。

お金がいっぱいあるなら，払う方法もいっぱいありそうだね！ これも樹形図？

お金の問題は表が便利なの。書き出すときのコツは必ず順番を決めること。
お金の問題のときは大きな金額から，そして多い枚数から書くとわかりやすいよ。

100円(枚)	
50円(枚)	
10円(枚)	

まず，100円をできるだけたくさん使って200円を払う方法を考えよう。100円は何枚かな？

2枚！

そうだね。100円2枚で200円を払えるから，50円と10円は使わない，と。

100円(枚)	2
50円(枚)	0
10円(枚)	0

次は100円が1枚のときだね。

そう。100円1枚のときは，残りの100円を50円と10円で
払わないといけないから……。

100円(枚)	2	1	1
50円(枚)	0	1	0
10円(枚)	0	5	10

そっか！ 50円玉を使うときと，使わないときがあるんだね。

そうなの。こうやってモレなくすべて書き出すと……。

100円(枚)	2	1	1	0	0	0	0	0
50円(枚)	0	1	0	4	3	2	1	0
10円(枚)	0	5	10	0	5	10	15	20

全部で8通り！ 確かに表に整理するとスッキリするね。

お金の問題では「0枚（使わない）」を忘れがちだから，気をつけようね。

【表】 100円玉が2枚，50円玉が5枚，10円玉が10枚あります。これらを使って260円を支払う方法は全部で何通りありますか。

「金額」も「枚数」も大きなほうから考えます。

表を書いて考える。

作業しよう

手順①

100円（枚）	2
50円（枚）	
10円（枚）	

手順②

100円（枚）	2
50円（枚）	1
10円（枚）	1

手順③

100円（枚）	2	1
50円（枚）	1	
10円（枚）	1	

手順④

100円（枚）	2	1	1	1
50円（枚）	1	3	2	1
10円（枚）	1	1	6	11

手順⑤

100円（枚）	2	1	1	1	0	0	0
50円（枚）	1	3	2	1	5	4	3
10円（枚）	1	1	6	11	1	6	11

① **100円の最大枚数を書く。**
260円に必要な100円は最大で2枚。100円2枚を使うと，残りは 260－200＝60（円）。

② **50円と10円の枚数を書く。**
60円に必要な50円は最大で1枚。残りは 60－50＝10（円）なので10円は1枚。

③ **100円の枚数を書く。**
次に使える100円の最大枚数は1枚。
100円1枚を使うと，残りは 260－100＝160（円）。

④ **50円の最大枚数と10円の枚数を書く。**
50円と10円で160円を作るには
50円が3枚のとき，10円は1枚。
50円が2枚のとき，10円は6枚。
50円が1枚のとき，10円は11枚。10円は10枚しかないので×。

⑤ **100円の枚数を書く。**
100円が0枚なので，50円と10円で260円を作る。
50円が5枚のとき，10円は1枚。
50円が4枚のとき，10円は6枚。
50円が3枚のとき，10円は11枚で×。
よって，<u>5通り</u>。

やってみよう！

50円玉が3枚，10円玉が5枚，5円玉が10枚あります。これらを使って150円を支払う方法は全部で何通りありますか。

[やってみよう！ 解答] 表に書き出すと，<u>8通り</u>。

50円（枚）	3	2	2	2	2	2	2	1
10円（枚）	0	5	4	3	2	1	0	5
5円（枚）	0	0	2	4	6	8	10	10

入試問題にチャレンジしてみよう!
(右側を隠して解いてみよう)

(1) 1，1，2，3を並べて4ケタの整数を作ります。全部で何通りありますか。

(岡山白陵中学校　2022)

(1) 樹形図で千の位から考えます。小さい数字から書き出します。

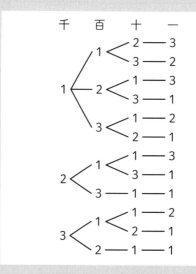

よって，12通り。

答え：　12通り

(2) 100円，50円，10円の3種類の硬貨がたくさんあります。これらを使い，280円の品物を買うとき，支払い方法は全部で☐☐☐☐通りあります。ただし，使わない種類の硬貨があってもよいものとします。

(明治大学附属中野中学校　2022)

(2) 表で大きな硬貨から考えます。どの硬貨もたくさんあるので，10円を何枚使うかは，特に書く必要はありません。

100円(枚)	2	2	1	1	1	1	0	0
50円(枚)	1	0	3	2	1	0	5	4
10円(枚)	3	8	3	8	13	⋯		

書かなくてもよい　0　0　0　0
　　　　　　　　3　2　1　0

よって，12通り。

答え：　12

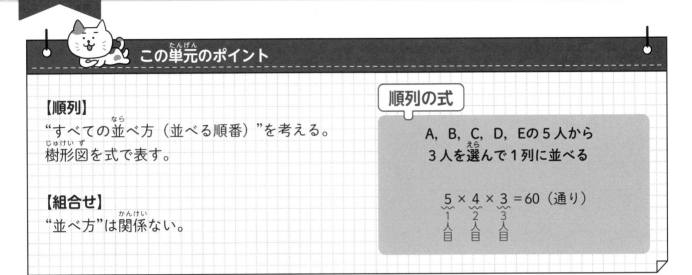

この単元のポイント

【順列】
"すべての並べ方（並べる順番）"を考える。
樹形図を式で表す。

【組合せ】
"並べ方"は関係ない。

順列の式

A，B，C，D，Eの5人から
3人を選んで1列に並べる

$5 \times 4 \times 3 = 60$（通り）
1人目　2人目　3人目

HOP

【順列】 Aさん，Bさん，Cさん，Dさんから3人を選んで一列に並べます。全部で何通りの並べ方がありますか。

157ページみたいに，樹形図を書けばいいんだね！

 今回は樹形図を使わず，もっと楽に解いてみよう。まず，1番目は何人から選べるかな？

A，B，C，Dの4人から選べるんじゃないの？

 そう，4人から選べるね。じゃ，1番目にAを選ぶと，残りは何人？

B，C，Dの3人じゃないの？

 つまり，2番目は3人から選べるね。じゃ，2番目にBを選ぶと，残りは何人？

CとDの2人でしょ。

 だから3番目は残り2人から選ぶことになるよね。今の流れを整理してみよう。

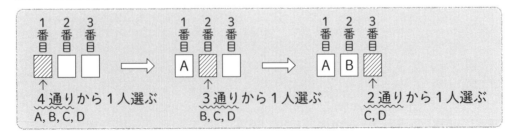

この流れを樹形図と組み合わせて見てみるね。

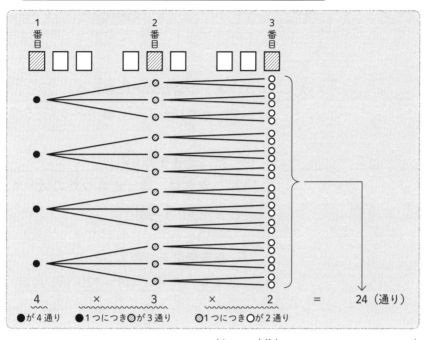

4 × 3 × 2 = 24（通り）

●が4通り　●1つにつき◎が3通り　◎1つにつき○が2通り

なるほど！　確かに枝分かれの様子は「×（掛け算）」で表せるね。

こうやって，どんな「並べ方」があるかを，順番に並べて数え上げることを「順列（じゅんれつ）」というの。

順列？　その言葉って覚えないといけない？

とても大切だから絶対に覚えてね！　というのも，168ページで「組合せ」という考え方を勉強するんだけど，順列と組合せは考え方が違うの。

どう違うの？

たとえばA，B，Cの3人を一列に並べると，ABC，ACB，BAC，BCA，CAB，CBAは，全部並べ方が違うよね。

うん。

こうやって"A，B，Cの並べ方は6種類"と考えるのが順列。今度はA，B，Cの3人でグループを作ってみよう。ABC，BAC，CABは，違うグループ？　同じグループ？

同じグループ！　だって，順番が変わっただけでメンバーは一緒じゃん。

そう，順番は関係ないよね。こうやって"A，B，Cの組合せは1種類"と考えるのが組合せ。

順列のときは「並べ方」をすべて数えるけれど，
組合せのときは「並べ方」は関係ないんだね！

STEP

【順列】 Aさん，Bさん，Cさん，Dさん，Eさんの５人でリレーの順番を決めます。並び順は全部で何通りありますか。

作業しよう

手順①

5

手順②

5×4

手順③

5×4×3×2×1＝120（通り）

120通り

① **第一走者から順に考える。**
第一走者は５人から選べるので，５通り。

② **第二走者を考える。**
第二走者は，第一走者以外の残り４人から選べるので，４通り。

③ **第五走者まで考える。**
5（第一走者）×4（第二走者）×3（第三走者）×2（第四走者）×1（第五走者）＝120（通り）。

STEP

【順列】 [1][2][3][4][5]の５枚のカードを並べて３ケタの整数を作ると，全部で何通りできますか。

作業しよう

手順① 百　十　一

手順② 百　十　一
↑
5

手順③ 百　十　一
↑　↑
5 × 4

手順④ 百　十　一
↑　↑　↑
5 × 4 × 3 ＝60(通り)

60通り

① **位を書く。**
３ケタなので，百の位，十の位，一の位を書く。

② **百の位に何通り入るかを考える。**
百の位は[1][2][3][4][5]の５枚から選べる。

③ **十の位に何通り入るか考える。**
百の位で１枚使うので，十の位は残りの４枚から選べる。

④ **一の位まで考え，式にする。**
百の位と十の位で１枚ずつ使うので，一の位は残りの３枚から選べる。
5×4×3＝60（通り）。

やってみよう！

６人グループの中から，班長と副班長を一人ずつ選びます。全部で何通りの選び方がありますか。

［やってみよう！ 解答］班長→副班長の順で考えます。班長は６人から，副班長は班長以外の５人から選べます。よって，6×5＝30(通り)。

【順列】 ①②③④⑤の５枚のカードを並べて３ケタの整数を作ると，偶数は全部で何通りできますか。

偶数って，一の位が２の倍数ってことだよね？

そのとおり！　一の位に特徴があるときは，一の位から考えるよ。５枚のカードの中で，偶数はどれ？

②と④だよね。

そう。だから，一の位に先にカードを置いちゃおう。

それから，残りを順番に考えるの。一の位が２のとき，百の位は何枚から選べるかな？

①③④⑤の４枚から選べるよね。

そのとおり！　百の位で１枚使うとすると，十の位は何枚から選べるかな？

残りの３枚から選べるね。

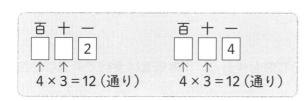

へー，一の位が２のときも４のときも，12通りずつになるんだ。
だから全部で12×2＝24（通り）だね。

こうやって，一の位の数字を先に決めて考えるものには，
ほかに「奇数」と「５の倍数」があるの。

奇数って，偶数じゃない数字だよね。

つまり，一の位が１，３，５，７，９ね。５の倍数はわかる？

一の位が０か５だよね。

よくできました✿　これは『①数・割合・速さ編』58ページにも載っているから，ぜひ参考にしてみてね。

【順列】 ⓪①②③④ の5枚のカードを並べて3ケタの整数を作ると，奇数は全部で何通りできますか。

作業しよう

手順①

百	十	一		百	十	一
		1				3

手順②

百	十	一		百	十	一
		1				3

↑
3

手順③

百	十	一		百	十	一
		1				3

↑　↑
3 × 3 ＝9(通り)

手順④

百	十	一		百	十	一
		1				3

↑　↑　　　　↑　↑
3 × 3 ＝9(通り)　3 × 3 ＝9(通り)
9 × 2 ＝18（通り）　　　　18通り

① 一の位を決める。

　5枚のカードの中で，奇数は1と3。

② 百の位を考える。

　一の位が1の場合，残りのカードは ⓪②③ ④ の4枚。

　百の位に ⓪ のカードは使えないので（百の位が0だと2ケタになってしまう），使えるカードは ②③④ の3枚。

③ 十の位を考える。

　十の位は，一の位と百の位で使われていない3枚から選べる。　よって，3×3＝9（通り）。

④ 同様に求める。

　一の位が3のときも同じ。
　よって，9×2＝18（通り）。

やってみよう！

⓪①②③④⑤ の6枚のカードを並べて3ケタの整数を作ると，5の倍数は全部で何通りできますか。

［やってみよう！　解答］5の倍数は一の位が0か5。一の位が0，5で分けて考える。
　　　　　　一の位が0のとき　5×4＝20(通り)。一の位が5のとき　百の位に0は置けないので 4×4＝16(通り)。よって，20＋16＝36(通り)。

(1) ⓪①②③④の5枚のカードから3枚選んで並べ，3ケタの整数をつくる。このとき，偶数になるのは何通りですか。

（慶應義塾湘南藤沢中等部　2022）

(1) 偶数は一の位で決まります。

$$\underset{0以外の数}{\underset{\uparrow}{4}} \times \underset{\uparrow}{3} \, \overset{0}{=}\, 12\,(通り) \qquad \underset{0と2以外の数}{\underset{\uparrow}{3}} \times \underset{\uparrow}{3} \, \overset{2}{=}\, 9\,(通り)$$

$$\underset{0と4以外の数}{\underset{\uparrow}{3}} \times \underset{\uparrow}{3} \, \overset{4}{=}\, 9\,(通り)$$

よって，12＋9＋9＝30（通り）。

答え：　30通り

(2) 0から9までの数が書かれたカードが1枚ずつ合計10枚あります。これらのカードの中から1枚ずつ3枚のカードを取り出し，左から順に並べます。
このとき，カードの並べ方は全部で①▢▢▢▢通りです。また，それら3枚のカードの数をかけ合わせたとき，0になる並べ方は全部で②▢▢▢▢通りです。

（公文国際学園中等部　2022　B）

(2)

① 今回は単に左から順に並べるだけなので，1枚目は10通り，2枚目は9通り，3枚目は8通りから選べます。
よって，10×9×8＝720（通り）。

答え：　720

② 3枚のカードの数をかけ合わせて0になるには，0を1枚使います。0を置く場所を先に決め，残りの場所を考えると，1枚目は0を除いた9通り，2枚目は0と1枚目を除いた2枚目は8通りから選べます。

$$\overset{0}{\underline{}} \quad \underset{\uparrow}{9} \times \underset{\uparrow}{8} = 72\,(通り)$$

$$\underset{\uparrow}{9} \quad \overset{0}{\underline{}} \times \underset{\uparrow}{8} = 72\,(通り)$$

$$\underset{\uparrow}{9} \times \underset{\uparrow}{8} \quad \overset{0}{\underline{}} = 72\,(通り)$$

よって，72×3＝216（通り）。

答え：　216

この単元のポイント

【組合せ】
「選ぶもの」の区別をつけない。
順列で並べてから区別をなくす。

組合せの式

A，B，C，D，Eの5人から3人を選ぶ

3人を選んで並べる（順列）
↓

$$\frac{5 \times 4 \times 3}{3 \times 2 \times 1} = 10（通り）$$

↑
選んだ3人の並べ方

HOP

【組合せ】 Aさん，Bさん，Cさん，Dさん，Eさんの5人の中から当番を3人選びます。全部で何通りの選び方がありますか。

 さぁ，今度は「組合せ」を見ていくよ。163ページでもチラリと話したけれど，改めて「順列」と「組合せ」の違いを整理するね。

「 順列 」	並べ方が何通りあるか
「組合せ」	選び方が何通りあるか

 たとえば，「班長と書記の2人」を選ぶ場合と，「当番を2人」を選ぶ場合は考え方が違うの。5人の中からAとBが選ばれたとして，実際に見てみよう。

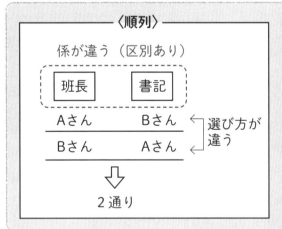

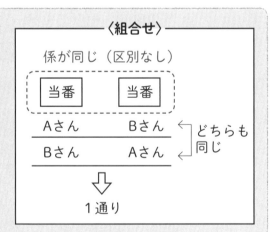

 確かに，係の区別が「ある」か「ない」かで，何通りかが変わってくるね。

 組合せの場合は"グループのメンバー選び"と考えるとわかりやすいかもね。じゃ，問題に戻って5人の中から3人，当番を選んでみよう。

でも，係の区別がないときにどうやって選べばいいかなんてわからないよ。

じゃあまず，5人の中から当番3人を順列で，つまり別の係だとして選んでみるね。

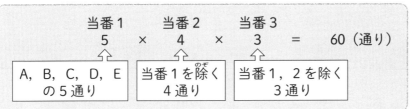

当番1		当番2		当番3		
5	×	4	×	3	=	60（通り）

A，B，C，D，E の5通り ／ 当番1を除く 4通り ／ 当番1，2を除く 3通り

今は「当番1」「当番2」「当番3」を違う係だとして選んだけれど，本当はどれも同じ係だよね。

当番1	当番2	当番3
A	B	C
A	C	B
B	A	C
B	C	A
C	A	B
C	B	A

A，B，C 3人の 組合せは1通り

当番1	当番2	当番3
A	B	D
A	D	B
B	A	D
B	D	A
D	A	B
D	B	A

A，B，D 3人の 組合せは1通り

当番1	当番2	当番3
A	B	E
A	E	B
B	A	E
B	E	A
E	A	B
E	B	A

A，B，E 3人の 組合せは1通り

当番1	当番2	当番3
B	C	D
B	D	C
C	B	D
C	D	B
D	B	C
D	C	B

B，C，D 3人の 組合せは1通り

当番1	当番2	当番3
B	C	E
B	E	C
C	B	E
C	E	B
E	B	C
E	C	B

B，C，E 3人の 組合せは1通り

当番1	当番2	当番3
C	D	E
C	E	D
D	C	E
D	E	C
E	C	D
E	D	C

C，D，E 3人の 組合せは1通り

そっか，どの組合せも6つずつ数えているから，「÷6」すれば1つのグループになるよね。だから 60（通り）÷6＝10（通り） ってこと？

そういうこと！　今の考え方を1つの式にまとめてみると……，

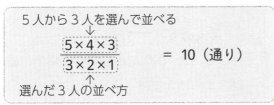

5人から3人を選んで並べる
↓
$$\frac{5×4×3}{3×2×1} = 10（通り）$$
↑
選んだ3人の並べ方

となるね。最後に，「順列」と「組合せ」の解き方をまとめておくね。

〈順列〉	〈組合せ〉
「5つの中から3つ並べる」	「5つの中から3つ選ぶ」
5×4×3＝60（通り）	$\dfrac{5×4×3}{3×2×1} = 10$（通り）

どうやって使い分けるの？

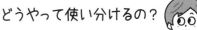

順列は「区別がある」，組合せは「区別がない」と考えるとわかりやすいかもね。問題をたくさん解いて慣れていこう！

【組合せ】 Aさん，Bさん，Cさん，Dさん，Eさん，Fさんの6人の中から当番を2人選ぶ方法は何通りありますか。

作業しよう

手順① 6×5

手順② $\dfrac{6 \times 5}{2 \times 1} = 15$（通り）

15通り

① 6人から2人を並べる。

順列で2人を並べる。

② 2人の並べ方で割る。

A，Bの2人を並べる場合，並べ方は $2 \times 1 = 2$（通り）ある。

当番に区別はないので，この2通りで割る。

> 6人から2人選んで並べる
> ↓
> $\dfrac{6 \times 5}{2 \times 1} = 15$（通り）
> ↑
> 選んだ2人の並べ方

【組合せ】 Aさん，Bさん，Cさん，Dさん，Eさんの5人の中から当番を4人選ぶ方法は何通りありますか。

作業しよう

手順① $5 \times 4 \times 3 \times 2$

手順② $\dfrac{5 \times 4 \times 3 \times 2}{4 \times 3 \times 2 \times 1} = 5$（通り）

5通り

① 5人から4人を並べる。

順列で4人を並べる。

② 4人の並べ方で割る。

A，B，C，Dの4人を並べる場合，並べ方は $4 \times 3 \times 2 \times 1 = 24$（通り）。

当番に区別はないので，この24通りで割る。

よって，<u>5</u>（通り）。

[別解]

5人から当番を4人選ぶということは「当番にならない人を1人選ぶ」ことと同じ。

A，B，C，D，Eから1人選ぶのは，<u>5</u>（通り）。

やってみよう！

10人の中から当番を7人選ぶ方法は何通りありますか。

> 楽に解けるほうを考えるニャ。

［やってみよう！ 解答］10人から当番を7人選ぶということは，「当番にならない3人を選ぶ」ことと同じです。
$10 \times 9 \times 8 \div (3 \times 2 \times 1) = \underline{120}$（通り）。

HOP

【組合せ】 白玉 3 個と青玉 1 個の 4 個を一列に並べると，並べ方は全部で何通りありますか。

一列に並べるから順列かな？

 残念！ 実は，組合せの問題なの。たとえば，この白玉 3 個の見分けってつく？

つかないなぁ……。

 たとえば白玉 2 個と青玉 1 個を並べる場合，白玉に区別があれば 6 通りだけど，白玉に区別がなければ 3 通りになるね。

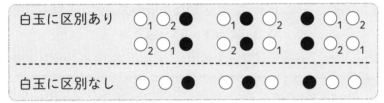

 だから，白玉 3 個と青玉 1 個の 4 個の場合は……，

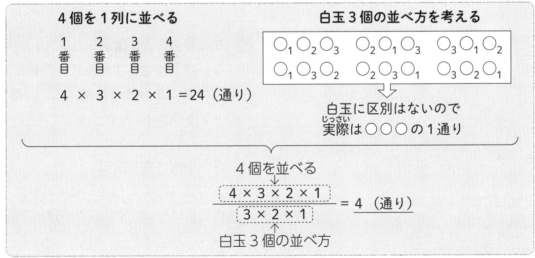

ほんとだ，組合せの式だ！

 つまり，168ページでA，B，Cの区別をつけなかったのと同じ考え方ね。
でも，もっと簡単な考え方があるの。この 4 個の中で，青玉は 1 個しかないでしょ？
だから，青玉を置く場所だけ考えれば，残りは白玉が置かれるよね。

 こんなふうに，「組合せ」はいろいろな角度から問題を見てラクに解こう！

STEP

【組合せ】　6人を4人と2人に分ける方法は何通りありますか。

今回は人の区別をつけないニャ。

作業しよう

手順①　6×5

① 6人から2人を選ぶ。

少ないほうに注目すると式も計算も楽になる。
順列で6人から2人を選ぶと，自動的に残りの4人も決まる。

手順②　$\dfrac{6×5}{2×1}$ ＝ 15（通り）

15通り

② 2人の並べ方で割る。

2人の並べ方は2×1＝2（通り）。
人の区別はないので，この2通りで割る。
よって，15（通り）。

STEP

【組合せ】　7人を4人と3人に分ける方法は何通りありますか。

作業しよう

手順①　7×6×5

① 7人から3人を選ぶ。

少ないほうに注目すると式も計算も楽になる。
順列で7人から3人を選ぶと，自動的に残りの4人も決まる。

手順②　$\dfrac{7×6×5}{3×2×1}$ ＝ 35（通り）

35通り

② 3人の並べ方で割る。

3人の並べ方は3×2×1＝6（通り）。
人の区別はないので，この6通りで割る。
よって，35（通り）。

やってみよう！

9人を5人と4人に分ける方法は何通りありますか。

172　［やってみよう！　解答］9人から4人を選び，4人の並べ方で割ると 9×8×7×6÷（4×3×2×1）＝126（通り）。

(1) 5種類の花があります。この中から違う種類の花を2本選んでセットを作るとき,その選び方は何通りありますか。

(清泉女学院中学校　2022　1期)

(1) 5種類から2種類を選ぶので,

$$\frac{5 \times 4}{2 \times 1} = 10 \text{(通り)}$$

答え：　10通り

(2) バニラ,チョコレート,ストロベリー,マンゴー,まっ茶の5種類のアイスクリームがあります。この中から3種類選ぶとき,アイスクリームの選び方は全部で何通りありますか。

(星野学園中学校　2022　理数選抜クラス第2回)

(2) 5種類から3種類を選ぶので,

$$\frac{5 \times 4 \times 3}{3 \times 2 \times 1} = 10 \text{(通り)}$$

答え：　10通り

(3) 4人でリレーの順番を決めるとき,順番の決め方は全部で① □□□□通りあります。また,8人で大なわとびをするとき,なわを回す2人の選び方は全部で② □□□□通りあります。

(大阪桐蔭　2023　前期)

(3) ① リレーは順番があるので「順列」となります。よって,4×3×2×1=24(通り)。

答え：　24

② なわを回す2人の選び方は「組合せ」なので,

$$\frac{8 \times 7}{2 \times 1} = 28 \text{(通り)}$$

答え：　28

この単元のポイント

【イチイチ解法】

外枠にゴールに向かう矢印を書く。

向かってくる矢印の和を考える。

イチイチ解法

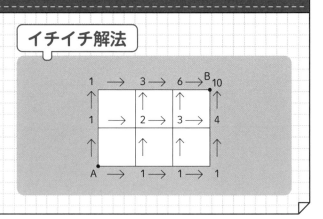

HOP

【道順】 縦と横に道が通っています。A地点からB地点まで，最短で行く方法は何通りありますか。

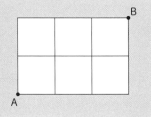

家から駅まで行くとき，曲がる回数が多いと，遠回りになりそうだから，いつも1回しか曲がらないようにしてるんだ。

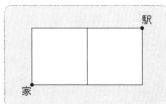

途中で曲がると距離が長くなっちゃう？
ほんと?? 見比べてみようか。

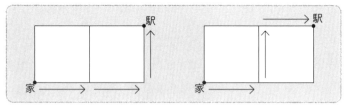

あれ？ 同じ距離かも！

道が垂直に交わっている場合は，途中で曲がっても距離は同じだね。
ちょっと話を広げて，家から駅まで最短で行く方法は何通りあるかな？

曲がってもいいとなると，いっぱいありそうだなぁ……。

じゃ，便利な方法を教えるね！ 「最短で進む＝来た道を戻るのはダメ」，つまり
●から●までは右と上に一方通行ということはわかる？

うん！

一方通行だと，☆への道順は1通りしかないよね。
1通りという意味で「1」と書くよ。

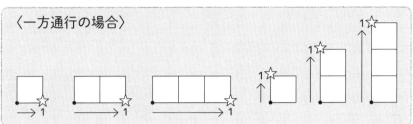
〈一方通行の場合〉

次は交わる点，交点（○）を考えてみよう。○に行くには，↑と┌→の2通りがあるよね。
これは，↑（1通り）と┌→（1通り）を合計したことになるよね。

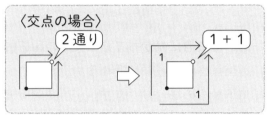
〈交点の場合〉
2通り
1 + 1

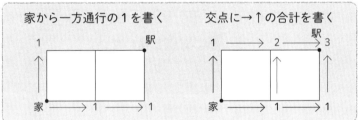
つまり，○は向かってくる矢印（→と↑）の合計になるの。だから，家から駅までの道順は…

家から一方通行の1を書く
交点に→↑の合計を書く

へー，3通りなんだ！

最初に一方通行の「1，1，1…」を書くから，この方法をイチイチ解法と呼ぶの。

イチイチ解法！？　おもしろい名前だね。

イチイチ解法を使って，AからBまでの道順を考えてみよう。

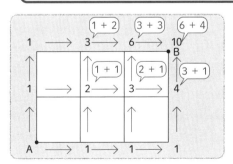

どれとどれを足せばいいのか混乱しそう……。

どの交点も「向かってくる矢印を合計する」とだけ気をつければ簡単よ♪

【道順】 縦と横に道が通っています。A地点からB地点まで，最短で行く方法は何通りありますか。

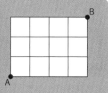

作業しよう

手順①

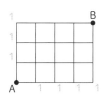

手順②

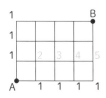

手順③

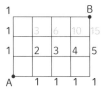

手順④

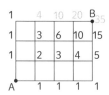

35通り

① A地点から一方通行の1をすべて書く。

A地点から，右方向と上方向の外枠のポイントに1を書く。

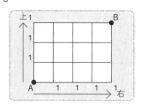

② 各交点に向かってくる矢印の和を書く。

交点は端から順に埋める。

下からの場合は，まず[_____]を埋める。

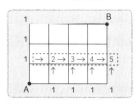

③ 順に交点を埋めていく。

次は[_____]の部分。

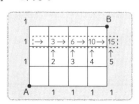

④ 順に交点を埋めていく。

次は[_____]の部分。

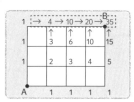

よって，35通り。

やってみよう！

縦と横に道が通っています。A地点からB地点まで，最短で行く方法は何通りありますか。

1，1，1…を書いてから合計するニャ。

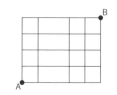

［やってみよう！ 解答］どのような形であっても，各交点に→と↑の合計を書くことに変わりはありません。
よって，70通り。

HOP

【障害のある道順】 縦と横に道が通っています。A地点からC地点を通ってB地点まで，最短で行く方法は何通りありますか。

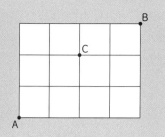

 必ず通らねばならない地点がある場合は，その地点で区切って考えるよ。
AからC，CからBと区切ったら，区切った枠にそれぞれ斜線を引いてみよう。

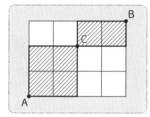

じゃ，白い部分は通らないってことだね。

 そういうこと。AからC，CからBを，それぞれイチイチ解法してみよう。

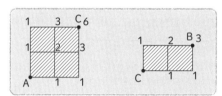

AからCまでは6通り，CからBまでは3通りだね。
だから6＋3＝9(通り)！

 どうして足すと思ったの？

何となく……。

 あちゃ〜。じゃ，樹形図の考え方を思い出してみて。
AからCまでの6通りそれぞれから3通りずつ道順が出ているよ。

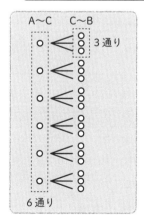

6×3＝18(通り)だ！

 正解！ 区切ってイチイチ解法したら，その後にも気をつけようね。

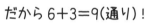

23

道順

【障害のある道順】 縦と横に道が通っています。A地点からC地点を通ってB地点まで，最短で行く方法は何通りありますか。

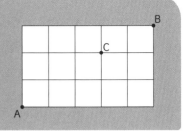

作業しよう

手順①

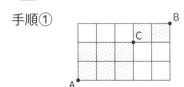

手順②

手順③　10×3＝30（通り）

30通り

① A〜C，C〜Bで区切る。

区切ったら，通る区画に斜線を引く。

② A〜C，C〜Bそれぞれをイチイチ解法で解く。

A〜Cは10通り，C〜Bは3通りとわかる。

③ A〜C，C〜Bを掛ける。

10×3＝30（通り）。

【障害のある道順】 縦と横に道が通っています。×が工事中で通れないとき，A地点からB地点まで最短で行く方法は何通りありますか。

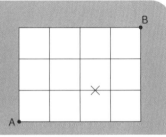

「通れない＝道がない」と考えます。

作業しよう

手順①

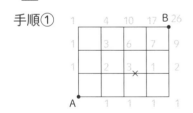

26通り

① イチイチ解法で解く。

×の部分は道がないのと同じ。

交点は常に向かってくる矢印の合計であることに注意。

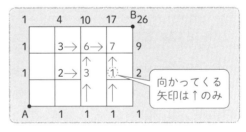

向かってくる矢印は↑のみ

よって，26通り。

やってみよう！

縦と横に道が通っています。A地点からC地点を通ってB地点まで，最短で行く方法は何通りありますか。

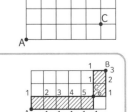

［やってみよう！ 解答］A〜C，C〜Bで区切ってイチイチ解法します。6×3＝18（通り）。

(1) 次の図のような道があります。

AからCを通って遠回りせずにBへ行く道順は◻️◻️通りです。

（成城学園中学校　2022　第1回）

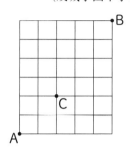

(2) 下図の地点Aから地点Bまでの最短の道順は何通りあるか答えなさい。

（南山中学校女子部　2022）

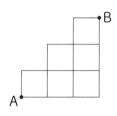

(1) AからC, CからBで区切ると次のようになります。

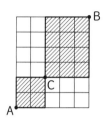

AからCまで, CからBまでの道順を考えます。

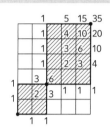

AからCまでは6通り, CからBまでは35通りなので, 6×35＝210（通り）。

答え：　210

(2) 常に向かってくる矢印を合計します。

→だけのとき, ↑だけのときは, 数字をそのままスライドさせます。

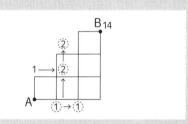

よって,

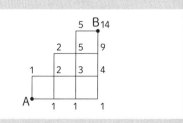

となるので, 14通り。

答え：　14通り

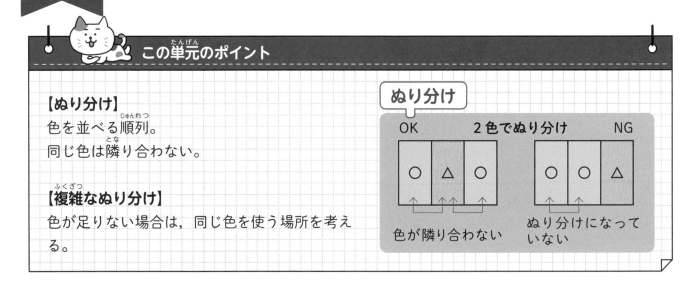

この単元のポイント

【ぬり分け】
色を並べる順列。
同じ色は隣り合わない。

【複雑なぬり分け】
色が足りない場合は，同じ色を使う場所を考える。

ぬり分け

OK　　　2色でぬり分け　　　NG

○　△　○　　　　○　○　△

色が隣り合わない　　　ぬり分けになっていない

HOP

【ぬり分け】　右の長方形を赤，青，白の3色でぬり分けます。3色全部を使うと，何通りのぬり分け方がありますか。

赤，青，白なんて，フランスの国旗みたいだね！

 よく知ってるね！　じゃ，フランスの国旗はどういう順番で色が並んでいるか知ってる？

むむむ……。

 ま，それはおいといて（笑）。さて，「ぬり分ける」の意味はわかるかな？

3か所の枠の中を色でぬればいいんじゃないの？

 それは単に「ぬる」だけ。「ぬり分ける」とは，隣は別の色になるという意味なの。

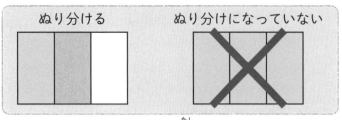

ぬり分ける　　　　ぬり分けになっていない

確かに，右は1色になっちゃって分けられていないもんね。

 そういうこと。さあ，3色を使ってどうやってぬり分けようか。

左から順に「赤，青，白」「赤，白，青」「青，赤，白」……。

ストップ！　今まで勉強してきた方法で，もっと簡単に解けるよ。

今まで勉強してきた方法……，樹形図？

樹形図でも解けるけど，もっと楽な方法があったじゃない！「3色全部を使ってぬり分ける」ということは，「3色を1列に並べる」とも考えらえるよね。

あ，順列だ！　ということは，こういうことだね！

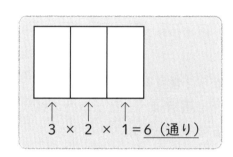

できたじゃない！　じゃ，もし3色全部使わなくていいと言われたら，どうなるかな？

うーん……。

隣どうしが別の色になればいいから，こんなふうに考えられないかな？

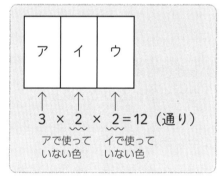

アとウに同じ色を使うと2色でぬり分けられるね！

そのとおり！　問題文の条件によって考え方が違うから気をつけようね。ところで，フランスの国旗の色の並び方はわかった？

「青，白，赤」だったのを思い出したよ！

実は，もともとは「赤，白，青」の順番だったけれど，青が右端だと空の色と見分けがつきにくいから，途中で赤と青の場所を入れかえたという説があるよ。

へー！　国旗って途中で変わることがあるんだね。

【ぬり分け】 右の長方形を赤，青，白，緑の４色でぬり分けます。 ４色全部を使うと，何通りのぬり分け方がありますか。

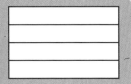

端から順に考えるニャ。

✏️ 作業しよう

手順① 4

① 上から順に考える。

一番上は４色から選べるので４通り。

手順② 4×3

② 上から２番目を考える。

上から２番目は，一番上以外の残り３色から選べるので，３通り。

手順③ 4×3×2×1＝24（通り）

　　　　　　　　　　　24通り

③ 一番下まで考える。

4×3×2×1＝24（通り）。

【ぬり分け】 右の長方形を赤，白，緑の３色でぬり分けます。使わなくてもよい色がある場合，何通りのぬり分け方がありますか。

✏️ 作業しよう

手順① 3

① 左から順に考える。

左は３色から選べるので３通り。

手順② 3×2

② 真ん中を考える。

真ん中は，左以外の残り２色から選べるので，３通り。

手順③ 3×2×2＝12（通り）

　　　　　　　　　　　12通り

③ 右を考える。

使わなくてもよい色がある（同じ色を何度使ってもよい）ので，真ん中以外の残り２色から選べる。

よって，3×2×2＝12（通り）。

▶ やってみよう！

右の長方形を黄，緑，黒の３色でぬり分けます。 ３色全部を使うと，何通りのぬり分け方がありますか。

［やってみよう！ 解答］左，上，下の順に考えます。3×2×1＝6（通り）。

HOP

【複雑なぬり分け】 右の長方形を赤，青，白の 3 色でぬり分けます。3 色全部を使うと，何通りのぬり分け方がありますか。

こんなの簡単だよ。3×2×1×……，あれ？ 色が足りない。

ぬる場所が 4 か所あるから，3 色だと色が足りないよね。

え？ じゃあどうするの？

4 か所のうち，2 か所は同じ色を使うことになるよね。
赤，青，白の代わりに○△×で考えてみるね。
○を 2 か所に使うとすると……，

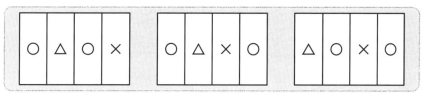

なるほど！ この 3 通りがあるんだね。

この 3 通りについて，それぞれ色の使い方が何通りあるか考えてみるよ。

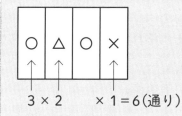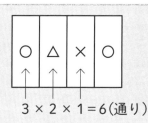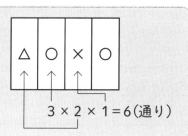

ということは，6＋6＋6＝<u>18</u>（通り）だね！

そういうこと。この問題のように，ぬる場所が使う色より多い場合は，同じ色を使う場所で「場合分け」をしてから考えよう。

場合分けしてから，順列かぁ……。
ちょっと手間のかかるタイプだね。

確かに少し複雑かもね。
だからこそ，場合分けは必ず図に書いて考えようね。

【複雑なぬり分け】 右の図を緑，黄，白の3色でぬり分けます。3色全部を使うと，何通りのぬり分け方がありますか。

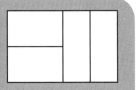

まず3色で場合分けするニャ。

作業しよう

手順①

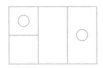 

① 3色でのぬり分け方を書き出す。

「緑，黄，白」と書くのは手間なので，「○△×」や「アイウ」など，簡単な記号・文字で場合分けする。
○を2回使うと決め，○の置き方を端から順に考える。

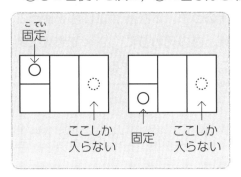

固定

ここしか入らない 固定 ここしか入らない

手順②

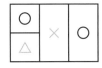 

② 残りの場所に△と×を書き込む。

記号・文字を書き込むときは，「○→△→×」など，順番を決めておくと迷わない。

手順③

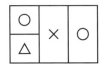 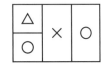

3×2×1＝6   3×2×1＝6
6＋6＝12（通り）

12通り

③ 場合分けしたそれぞれについて色の使い方を考える。

○→△→×の順に考える。

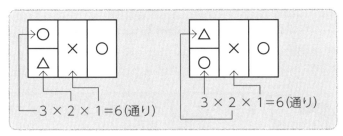

3×2×1＝6（通り）   3×2×1＝6（通り）

よって，6＋6＝12（通り）。

やってみよう！

右の図を青，黄色，白の3色でぬり分けます。3色全部を使うと，何通りのぬり分け方がありますか。

［やってみよう！ 解答］2通りのぬり分け方となります。3×2×1＝6(通り)。

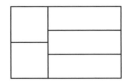

(1) 赤, 青, 黄, 緑, 白の5色から異なる3色を選んで下の図のような旗をぬります。

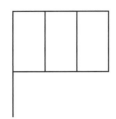

① 5色から3色を選んで旗をぬるとき, ぬり方は何通りありますか。

② 旗の真ん中が白になるぬり方は何通りありますか。

(済美平成中等教育学校 2022)

(2) 次の図のあ～おの5つの部分に分けられた場所に, 赤色, 青色, 黄色, 緑色のペンを使って色をぬります。隣り合う部分が同じ色にならないようなぬり方は □ 通りあります。ただし, 使わない色があってもよいものとします。

(立命館宇治中学校 2022)

---

(1) ① 5×4×3=60 (通り)

答え: 60通り

② 真ん中が白なので, 左端と右端の2か所のぬり方を考えます。

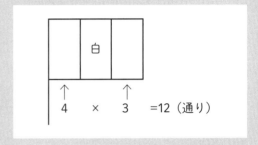

答え: 12通り

(2) 複数の場所に分かれているときは, 接している面が一番多い場所あから考えます。
「使わない色があってもよいものとします」とありますが, 2色ではぬり分けられないので, 「3色でぬり分ける場合」「4色でぬり分ける場合」の2通りについてそれぞれ考えます。

【3色 (○△×) でぬり分ける場合】

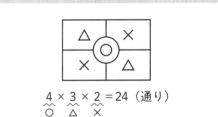

$4 \times 3 \times 2 = 24$ (通り)
○　△　×

【4色 (○△×□) でぬり分ける場合】

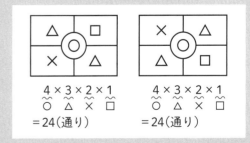

$4 \times 3 \times 2 \times 1$　　$4 \times 3 \times 2 \times 1$
○ △ × □　　○ △ × □
=24(通り)　　=24(通り)

よって, 全部で24＋24＋24＝72 (通り)。

答え: 72

この単元のポイント

【図形見つけ】
「向き」と「大きさ」で形を見つけ出す。

図形見つけ

いろいろな正方形の向き

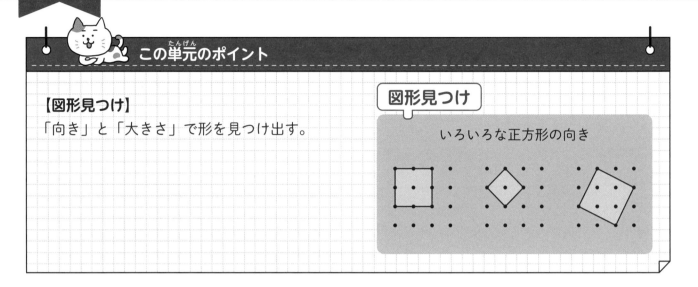

HOP

【図形見つけ】 1cm間隔で16個のご石を正方形の形に並べました。この中から4つのご石を選んで正方形を作るとき，大小合わせて何個の正方形ができますか。

正方形は全部で9個だよね。こんなふうに数えてみたよ。

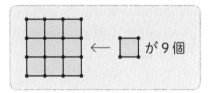

← □ が9個

 問題をよく読もう。「大小合わせて」と聞かれているよ。確かに1cm×1cmの正方形は9個あるけれど，もっと大きい正方形はないかな？

あ……，2cm×2cmの正方形と，3cm×3cmの正方形もあるね。

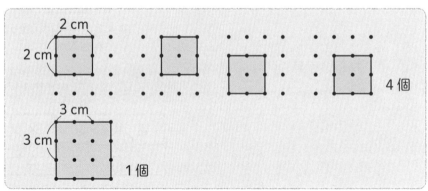

2 cm
2 cm
4 個
3 cm
3 cm
1 個

 じゃ，それぞれ何個あるか，数えてみて。

はーい！

全部で 1cm×1cm の正方形が 9 個，2cm×2cm が 4 個，3cm×3cm が 1 個だから，
9＋4＋1＝14（個）だ！　ずいぶん見落としちゃってたなぁ。

まだ見落としてるよ。

え！　まだあるの!?　

この16個のご石の中に，斜めの正方形も隠れているよ。

斜め!?　うーん……，うーん……。　

ちょっと難しいかな。一緒に見てみようか。

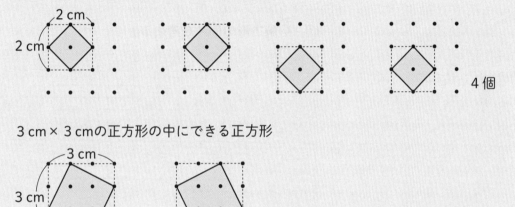

2 cm × 2 cmの正方形の中にできる正方形

2 cm
2 cm

4 個

3 cm × 3 cmの正方形の中にできる正方形

3 cm
3 cm

2 個

えー!?　こんなの思いつかないよ……。　

図形の見つけ方のコツは，「向き」と「大きさ」なの。最初は，正方形の一辺を
縦（1cm）と横（1cm）で見つけて，2cm，3cm と大きくしていったよね。
次は，その正方形の中からも探していくの。

じゃ，正方形の個数は 9＋4＋1＋4＋2＝20（個）なんだ。　
うーん……，斜めの正方形かぁ……。

確かに，斜めの正方形はちょっと難しいけれど，慣れれば見つけられるようになるよ。
図形の個数を数えるときは，

① 「向き」と「大きさ」に気をつけて，形を見つける（必ず図を書く）
② それぞれの形の個数を数える

に気をつけて解こうね！

【図形見つけ】 長方形のタイルを並べました。この中に長方形は
何個ありますか。

作業しよう

手順①

手順②

手順③

$2 \times 3 = 6$（個）

$2 \times 2 = 4$（個）

$2 \times 1 = 2$（個）

$1 \times 3 = 3$（個）

$1 \times 2 = 2$（個）

$1 \times 1 = 1$（個）

$6 + 4 + 2 + 3 + 2 + 1 = 18$（個）

18個

どんな形があるか書き出すニャ。

① 形の種類を順に書き出す。

まず，縦が1マスの長方形を考える。

横を1マスずつ大きくしていく。

② 形の種類を順に書き出す。

次に縦が2マスの長方形を考える。

横を1マスずつ大きくしていく。

③ 各長方形の個数を考える。

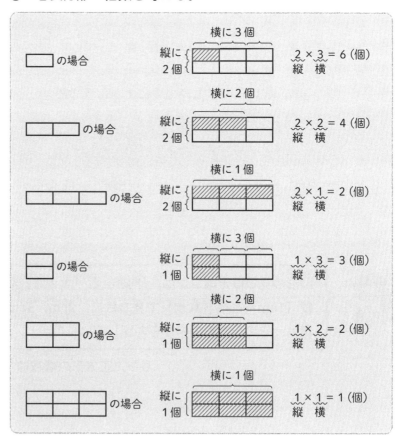

$6 + 4 + 2 + 3 + 2 + 1 = \underline{18}$（個）。

やってみよう！

1辺が1cmの正方形を縦4個，横4個ずつ並べました。この中に大小合わせて何個の正
方形がありますか。

［やってみよう！ 解答］正方形の種類と個数は次のようになります。
よって，$16 + 9 + 4 + 1 = \underline{30}$（個）。

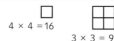
$4 \times 4 = 16$

$3 \times 3 = 9$

$2 \times 2 = 4$

$1 \times 1 = 1$

【図形見つけ】 円を 8 等分しました。この中から 3 点を選んで三角形を作ります。このとき，二等辺三角形は何個できますか。

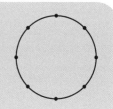

 まず，三角形が全部で何個できるか考えてみようか。

これも「向き」と「大きさ」を考えて書き出せばいいんだね！

 実は簡単に解く方法があるの。「この中から 3 点を選んで」と言われているから……，

そうか！ 「8 個から 3 個選ぶ」と考えればいいんだ。
じゃ，組合せの考え方で 8×7×6÷(3×2×1)＝56（個）だね。

 よくできたね。じゃ，二等辺三角形はどう考えればいいかな？

これも組合せを使うの？

 特徴のある三角形は，「向き」と「大きさ」を考えて数えるよ。
まず，一番上の点（☆）を選んで，二等辺三角形がいくつできるか考えてみよう。

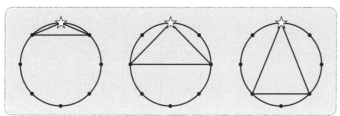

なるほど，3 個できるんだね。

 今は一番上の点を☆にしたけれど，☆の選び方は全部で 8 か所あるよね。たとえば 2 か所目を考えてみると……，

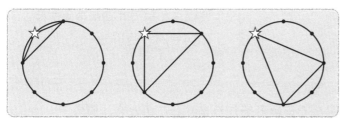

ということは，円周上に点が 8 個あるから，3×8＝<u>24</u>（個）できるんだね！

 そのとおり！ ちなみに，直角三角形の場合は，まず直径を作ってから残りの点を選ぶの。次のページで解いてみようね。

【図形見つけ】　円を8等分しました。この中から3点を選んで三角形を作ります。このとき，直角三角形は何個できますか。

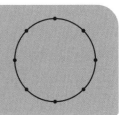

> 直角三角形の一辺は必ず直径を通ると覚えておくニャ。

 作業しよう

手順①

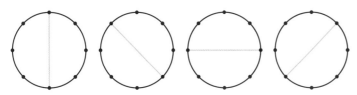

手順②

手順③　6×4＝24（個）

24個

① 直径を考える。

円周上にできる直角三角形は，一辺が必ず直径となる。

直径は4通り。

② 1つの直径で，三角形が何個できるかを考える。

直径で2つの点を使っているので，残りの1点で三角形を考える。

直径1つにつき，三角形は6個できる（これらはすべて直角三角形）。

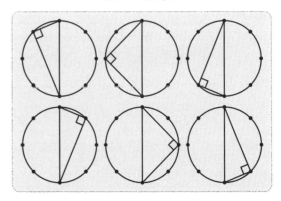

③ 全体の個数を求める。

直径1つにつき直角三角形は6個できる。

直径は全部で4通りあるから，

6×4＝24（個）。

やってみよう！

円を12等分しました。この中から3点を選んで三角形を作ります。このとき，直角三角形は何個できますか。

［やってみよう！　解答］直径は全部で6通り。直径1つにつき直角三角形は10個できるので，10×6＝60(個)。

(1) この図形の中に四角形は何個ありますか。

(西武学園文理中学校　2022　第1回)

(1) 形の種類ごとに個数を考えます。

□	$3 \times 3 = 9$ 縦　横
□□	$3 \times 2 = 6$
□□□	$3 \times 1 = 3$
（縦2マス）	$2 \times 3 = 6$
（2×2）	$2 \times 2 = 4$
（2×2×2）	$2 \times 1 = 2$
（縦3マス）	$1 \times 3 = 3$
（縦3×横2）	$1 \times 2 = 2$
（3×3）	$1 \times 1 = 1$

よって，全部で

$9+6+3+6+4+2+3+2+1=36$（個）。

答え：　36個

25

図形の数え方

この単元のポイント

【リーグ戦（総当たり戦）】
全チームから2チーム選ぶ。

【トーナメント戦（勝ち抜き戦）】
「優勝チーム」以外はすべて負ける。

【選挙】
最強のライバルを考える。

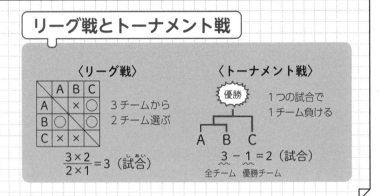

リーグ戦とトーナメント戦

〈リーグ戦〉　3チームから2チーム選ぶ

$$\frac{3 \times 2}{2 \times 1} = 3（試合）$$

〈トーナメント戦〉　1つの試合で1チーム負ける

3 − 1 = 2（試合）
全チーム　優勝チーム

HOP

【リーグ戦とトーナメント戦】 A，B，C，Dの4チームでサッカーの試合を行います。リーグ戦の場合，全部で何試合行われますか。また，トーナメント戦の場合，全部で何試合行われますか。

週末，サッカーの練習試合なんだ♪　全部で4チームあってすべてのチームと試合するんだ。

 じゃ，リーグ戦だね。

リーグ戦？

 すべて（総て）のチームと対戦することをリーグ戦というの。総当たり戦ともいうよ。ちなみに，リーグ戦のときの得点表ってこんなのじゃない？

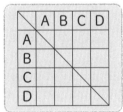

これこれ！　ここにコーチが〇×や点数を書いてるよ。でも，どうして斜めに線が引かれているんだろう？

 この得点表は，こんなふうに見るの。

〈Aチーム3点，Cチーム1点の場合〉

←Aチームから見た結果を書く（〇）。Aチームの得点を先に書く

←Cチームから見た結果を書く（×）。Cチームの得点を先に書く

←同じチームどうしは対戦できないので，「＼」で消しておく

やっと意味がわかったよ。じゃ，○×を書き込める場所が試合数だ。だから12試合だね！

 でも，AチームとCチームが対戦すると，結果はA−CとC−Aの2か所に書き込むよ。

あ，そっか……，じゃ，12÷2＝6（試合）だ。

 そう，全部で6試合だね。でも，もっと簡単に考えてみよう。試合の数は，チームの組合せの数ともいえるね。だから，A，B，C，Dの4チームから，試合をする2チームの選び方は？

そっか，組合せの考え方を使えばいいんだ！
だから，4×3÷(2×1)＝6（通り）だね。

 そのとおり！　ところで，リーグ戦とは別に，トーナメント戦って聞いたことないかな？

ワールドカップや高校野球でよく聞くよ。

 それそれ。トーナメント戦は勝ち抜き戦ともいって，勝ったチームは次の試合に進めるけれど，負けたチームはそこでおしまい。A，B，C，Dの4チームでトーナメント戦をすると，全部で何試合になるかな？

AチームとBチームで1試合。CチームとDチームで1試合，それぞれ勝ったチームどうしの試合で1試合……，全部で3試合かな？

 そのとおり！　この3試合というのは，負けを決める試合でもあるの。1つの試合で必ず1チームが負けるから，試合数は全部で「チーム数−1」となるね。

 リーグ戦とトーナメント戦の試合数の考え方をまとめると，こういうことになるよ。

〈リーグ戦（総当たり戦）〉　　〈トーナメント戦（勝ち抜き戦）〉
全チーム（N）から2チーム選ぶ　全チーム（N）から優勝チーム(1)を引く
$$\frac{N \times (N-1)}{2 \times 1}$$　　　　　　　N−1
　　　　　　　　　　　　　　　　　　　優勝チーム

今度から試合数を計算してみるよ！

STEP

【リーグ戦】 野球の試合に 8 チームが参加しました。リーグ戦の場合，全部で何試合行われますか。

2 チームを選ぶ組合せだニャ。

作業しよう

手順① $\dfrac{8 \times 7}{2 \times 1} = 28$

28試合

① 8 チームから 2 チーム選ぶ。

試合の数は，チームの組合せの数。

よって，$8 \times 7 \div (2 \times 1) = \underline{28}$（試合）。

STEP

【リーグ戦とトーナメント戦】 野球大会に16チームが参加します。まず 4 チームずつ 4 つのグループに分けて予選リーグを行い，その後，各グループの上位 2 チームずつが決勝トーナメントに進みます。優勝を決めるまでに何試合行われますか。ただし，引き分けはないものとします。

作業しよう

手順① $\dfrac{4 \times 3}{2 \times 1} = 6$

① リーグ戦の試合数を考える。

4 チームでリーグ戦を行う場合は，

$4 \times 3 \div (2 \times 1) = 6$（試合）。

これが 4 グループあるから，$6 \times 4 = 24$（試合）。

手順② $8 - 1 = 7$

② トーナメント戦の試合数を考える。

決勝トーナメントに進めるのは

$\underset{\text{上位2チーム}}{2} \times \underset{\text{4グループ}}{4} = 8$（チーム）

この 8 チームでトーナメント戦を行うので，試合数は $8 - 1 = 7$（試合）。

手順③ $24 + 7 = 31$

31試合

③ 全試合数を求める。

リーグ戦は24試合，トーナメント戦は 7 試合なので，$24 + 7 = \underline{31}$（試合）。

やってみよう！

バレーボールの交流試合に20チームが参加します。まず 4 チームずつ 5 つのグループに分けて予選リーグを行い，その後，各グループの上位 2 チームずつが決勝トーナメントに進みます。優勝を決めるまでに何試合行われますか。ただし，引き分けはないものとします。

194

［やってみよう！ 解答］予選リーグは，$4 \times 3 \div (2 \times 1) \times 5 = 30$（試合）。
決勝トーナメントは，$2 \times 5 - 1 = 9$（試合）。よって，$30 + 9 = \underline{39}$（試合）。

【選挙】 30人のクラスの中から，代表委員を1人選びます。Aさん，Bさん，Cさんの3人が立候補しているとき，最低何票あれば当選しますか。ただし，立候補者も投票するものとします。

今のクラス，代表委員に14人も立候補して，選ぶのが大変だったよ……。

みんなやる気があってすばらしいね！　今回の立候補は3人なんだけど，何票取れば代表委員になれるかな？

3人だから，30÷3＝10（票）。これだと全員10票だから，10＋1＝11（票）かな。

でも，Aさん11票，Bさん19票，Cさん0票というところもありえるよね。

あ……。じゃ，どう考えればいいんだろう!?

じゃ，この3人の開票の様子を途中まで見てみようか。

```
A      B      C
正      正      T
正一     正T
```

わぁ，AさんとBさんで大接戦だ！

今，25票が開票されたから，残りは5票。残りの5票が全部Cさんだったとしても，Cさんに勝ち目はないよね。

残念ながらそうだね。

もしAさんを応援したい場合，AさんはBさんに勝てばいいよね。つまり，AさんとBさんだけで30票を競い合うという，最も厳しい戦いで勝つ得票数を考えるの。

ということは，30票を2人で奪い合うから，30÷2＝15（票）。
これじゃ得票数が同じだから，Aさんは15＋1＝<u>16（票）</u>なら当選だね。
この場合，Bさんは30＝16＝14（票）だもんね。

そういうこと。選挙で，確実に当選するためには

すべての票÷（当選人数＋1）＋1
　　　　　　　　　　最強のライバル

これだけの票をゲットすればいいことになるね。

STEP

【選挙】 36人のクラスの中から，代表委員を 2 人選びます。 5 人が立候補しているとき，最低何票あれば当選しますか。ただし，立候補者も投票するものとします。

一番厳しい戦いを考えるニャ。

作業しよう

手順① 　36 ÷ (2 + 1) = 12

① **争う人数を求める。**

当選するのは 2 人。ここに最強のライバル 1 人を加えて，3 人で票を取り合うと考える。
均等に分けると 1 人12票となる。

手順② 　12 + 1 = 13

13票

② **当選確実な得票数を求める。**

12票より 1 票でも多ければ当選するので，
12 + 1 = 13 （票）。

STEP

【選挙】 40人のクラスの中から，代表委員を 1 人選びます。 3 人が立候補しており，現在の得票数は A さん11票，B さん 9 票，C さん 5 票です。 C さんが当選するには，あと何票必要ですか。ただし，立候補者も投票するものとします。

作業しよう

手順① 　40 − 9 = 31

① **争う人を決める。**

今回はメンバーがわかっているので，争う人を決める。最強のライバルは A さん。B さんは 9 票のみとし，残りの票が A さんと C さんにふり分けられるとする。残りの票は 40 − 9 = 31 （票）。

手順② 　31 ÷ 2 = 15…1
　　　　15 + 1 = 16
　　　　16 − 5 = 11

11票

② **当選確実な得票数を求める。**

31票を A さんと C さんで奪い合う。
31 ÷ 2 = 15…1
15 + 1 = 16 （票）あれば当選するので，C さんは 16 − 5 = 11 （票）必要。

やってみよう！

450人の中から，書記を 2 人選びます。 6 人が立候補しているとき，最低何票あれば当選しますか。ただし，立候補者も投票するものとします。

［やってみよう！ 解答］最強のライバル 1 人を含む，2 + 1 = 3 人で争うと考える。450 ÷ (2 + 1) + 1 = 151（票）。

(1) バレーボールの大会に12チームが参加します。まず
4チームずつ3つのグループに分けて予選リーグを
行い，その後，各グループの上位2チームずつが決
勝トーナメントに進みます。優勝を決めるまでに何
試合行われますか。ただし，引き分けはないものと
します。

(オリジナル問題)

(1) まず，リーグ戦の試合数を求めます。
4チームでリーグ戦を行う場合は
$4 \times 3 \div (2 \times 1) = 6$（試合）。
となります。これが3グループあるので，
リーグ戦は全部で
$6 \times 3 = 18$（試合）。
続いてトーナメント戦の試合数を求めます。
決勝トーナメントに進めるのは
$\underset{\text{上位2チーム}}{2} \times \underset{\text{3グループ}}{3} = 6$（チーム）。

この6チームでトーナメント戦を行うので，
試合数は $6 - 1 = 5$（試合）。
よって，試合数は全部で $18 + 5 = 23$（試合）。

答え： 23試合

(2) 1年3組の生徒26人の中から，1人1票ずつ投票して，
クラス委員を2人選びます。立候補したのは4人で
す。立候補した4人も投票できるものとします。最
低□□□票とれば当選が確実になります。

(城西川越中学校　2022　第1回総合一貫)

(2) 当選するのは2人なので，ここに最強
のライバル1名を加えて，3人で票を取り合
うと考えます。
$26 \div (2 + 1) = 8 \cdots 2$
8票より1票でも多ければ当選するので，
$8 + 1 = 9$（票）。

答え： 9

[著者]

安浪京子（やすなみきょうこ）

株式会社アートオブエデュケーション代表取締役，算数教育家，中学受験カウンセラー。プロ家庭教師歴20年超。
神戸大学発達科学部にて教育について学ぶ。関西，関東の中学受験専門大手進学塾にて算数講師を担当，生徒アンケートでは100% の支持率を誇る。
様々な教育・ビジネス媒体において中学受験や算数に関するセミナー，著書，連載，コラムなど多数。
「きょうこ先生」として受験算数の全分野授業動画を無料公開している。
本書の第2章を執筆。

富田佐織（とみたさおり）

株式会社アートオブエデュケーション関東指導部長。小学生時代，『四谷大塚』に飛び級入塾し，トップ賞などの賞を受賞。
桜蔭学園に進学。中央大学法学部法律学科卒業。中学受験専門大手進学塾の算数講師を10年以上勤め，筑駒・開成をはじめとする超難関から中堅まで幅広い志望校別コースを歴任。
プロ家庭教師として多岐に渡る学校への合格実績を誇り，志望校に合わせた戦略的指導は特に高い評価を得ている。中学受験算数に関する著書・コラム多数。
本書の第1章を執筆。

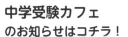

アートオブエデュケーション
のお知らせはコチラ！

中学受験カフェ
のお知らせはコチラ！

●**本書の内容に関するお問合せについて**

　本書の内容に誤りと思われるところがありましたら，まずは小社ブックスサイト（jitsumu.hondana.jp）中の本書ページ内にある正誤表・訂正表をご確認ください。正誤表・訂正表がない場合や訂正表に該当箇所が掲載されていない場合は，書名，発行年月日，お客様の名前・連絡先，該当箇所のページ番号と具体的な誤りの内容・理由等をご記入のうえ，郵便，FAX，メールにてお問合せください。

〒163-8671　東京都新宿区新宿1-1-12　実務教育出版　第二編集部問合せ窓口
　FAX：03-5369-2237　　　E-mail：jitsumu_2hen@jitsumu.co.jp

【ご注意】
※電話でのお問合せは，一切受け付けておりません。
※内容の正誤以外のお問合せ（詳しい解説・受験指導のご要望等）には対応できません。

◎装丁・本文デザイン／ホリウチミホ（株式会社 nixinc）
◎イラスト／森のくじら
◎ DTP 組版／株式会社明昌堂

中学受験
となりにカテキョ　つきっきり算数
［入門編②文章題・場合の数］

2023 年 10 月 5 日　初版第 1 刷発行

著　　　者	安浪京子　富田佐織
発　行　者	小山隆之
発　行　所	株式会社 実務教育出版
	163-8671　東京都新宿区新宿1-1-12
	電話　03-3355-1812（編集）　03-3355-1951（販売）
振　　　替	00160-0-78270
印刷／製本	図書印刷